环境岩土工程

魏进兵　高春玉 编著

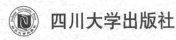

四川大学出版社

责任编辑：梁　平
责任校对：秦　妍
封面设计：墨创文化
责任印制：王　炜

图书在版编目(CIP)数据

环境岩土工程 / 魏进兵，高春玉编著. —成都：
四川大学出版社，2014.9 (2025.1 重印)
ISBN 978-7-5614-8037-3

Ⅰ.①环… Ⅱ.①魏… ②高… Ⅲ.①环境工程-岩
土工程-高等学校-教材　Ⅳ.①TU4

中国版本图书馆 CIP 数据核字（2014）第 210127 号

书　名	环境岩土工程
编　著	魏进兵　高春玉
出　版	四川大学出版社
地　址	成都市一环路南一段24号 (610065)
发　行	四川大学出版社
书　号	ISBN 978-7-5614-8037-3
印　刷	四川永先数码印刷有限公司
成品尺寸	185 mm×260 mm
印　张	12.25
字　数	295 千字
版　次	2014 年 10 月第 1 版
印　次	2025 年 1 月第 7 次印刷
定　价	49.00 元

◆ 读者邮购本书，请与本社发行科联系。
电话:(028)85408408/(028)85401670/
(028)85408023　邮政编码:610065
◆ 本社图书如有印装质量问题，请
寄回出版社调换。
◆ 网址:http://press.scu.edu.cn

内 容 提 要

环境岩土工程是岩土工程与环境工程等学科紧密结合而发展起来的一门新兴学科。本书主要介绍了各类环境岩土工程问题的基本概念、形成条件及工程处理措施，主要内容包括滑坡，崩塌，泥石流，地面沉降、地面塌陷与地裂缝，水库诱发地震，地下水与环境岩土工程，特殊性土与环境岩土工程，城市地下工程与环境，城市生活垃圾的卫生填埋，放射性废物的地质处置，温室效应及 CO_2 地下储存。本书侧重工程应用，条理清晰，简明易懂，较为全面地介绍了环境岩土工程学科所涉及的主要研究内容、方法和进展。

本书可作为水利、土木、交通等专业高年级本科生的选修教材和研究生的补充教材，也可供相关专业教师和工程技术人员使用。

前　　言

环境岩土工程是岩土工程与环境工程等学科紧密结合而发展起来的一门新兴学科，是工程与环境协调、可持续发展背景下岩土工程学科的延伸与发展，它主要是应用岩土力学的观点、技术和方法为治理和保护环境服务。

随着经济、工业的发展，人类赖以生存的地球的生态环境所受到的污染日益严重，环境保护事业正面临着日趋严峻的任务，日益增长的环境保护要求为环境岩土工程的发展提供了新的契机。目前环境岩土工程所涉及的问题主要有两大类：第一类是人类与自然环境之间的共同作用问题。这类问题主要是由自然灾变引起的，如地震灾害、滑坡、崩塌、泥石流、地面沉降、洪水灾害、温室效应和水土流失等。第二类是人类的生活、生产和工程活动与环境之间的共同作用问题。这类问题主要是由人类自身引起的，例如城市垃圾及工业生产中的废水、废液、废渣等有毒有害废弃物对生态环境的危害，工程建设活动如打桩、强夯、基坑开挖等对周围环境的影响，过量抽汲地下水引起的地面沉降，等等。

根据环境岩土工程学科发展的要求，为适应工程建设的需要，通过学习和总结国内外相关方面的理论研究成果和工程实践经验，并结合作者近几年的教学实践，编写了本书。本书侧重工程应用，主要介绍了各类环境岩土工程问题的基本概念、形成条件及工程处理措施。全书共分12章：第1章，绪论；第2章，滑坡；第3章，崩塌；第4章，泥石流；第5章，地面沉降、地面塌陷与地裂缝；第6章，水库诱发地震；第7章，地下水与环境岩土工程；第8章，特殊性土与环境岩土工程；第9章，城市地下工程与环境；第10章，城市生活垃圾的卫生填埋；第11章，放射性废物的地质处置；第12章，温室效应及 CO_2 地下储存。

本书由魏进兵、高春玉编著，其中第1章由魏进兵、高春玉编著，第2章到第7章由魏进兵编著，第8章到第12章由高春玉编著。本书引用了许多国内外同行的研究成果，在此对他们表示感谢。

感谢四川大学出版社梁平老师在本书出版过程中所付出的辛勤劳动。

由于作者水平有限，书中难免有错误和不当之处，敬请读者批评指正。

编著者

2014 年 6 月

目　　录

第1章 绪 论

1.1 环境岩土工程的形成与发展

随着经济、工业的发展，人们越来越意识到人类活动对环境产生的两个负面影响：环境污染和生态破坏。在科学领域应运而生一门新兴学科——环境岩土工程学。它既是一门应用性的工程学，又是一门社会学。它是把技术与政治、经济和文化相结合的跨学科的新兴学科，它的产生是社会发展的必然结果。

当今世界的十大环境问题可归纳为：①大气污染；②温室效应加剧；③地球臭氧层减少；④土壤退化和荒漠化；⑤水资源短缺、污染严重；⑥海洋环境恶化；⑦"绿色屏障"锐减；⑧生物种类不断减少；⑨垃圾成灾；⑩人口增长过快。环境条件的变化，使人类意识到自我毁灭的危险，人类活动的评价标准随之不断扩展，所以新的学科就不断出现，老的学科不断地组合。环境岩土工程就是在这样的背景下发展起来的。

追溯本学科的发展，1925 年太沙基发表了第一本土力学经典著作，开始把力学和地质科学结合起来，解决了许多实际工程问题；直到 20 世纪 50 年代，才形成了土力学与基础工程这门学科。大约在 20 世纪 70 年代，美国、欧洲核电工业垃圾废物的安全处置问题和纽约 Love 河的污染问题引起了人们的强烈关注，而岩土工程师们在处理这些问题时起到了决定性作用。到了 20 世纪 80 年代，随着社会的发展，人们普遍感觉到原来的土力学与基础工程这门学科范围已不能满足社会的要求，随着各种各样地基处理手段的出现，土力学与基础工程领域有所扩大，形成了岩土工程新学科。进入 20 世纪 90 年代，设计者考虑的问题不单单是工程本身的技术问题，而是把环境作为主要制约条件。例如大型水利建设中必须考虑到上下游生态的变化、上游边坡的坍塌、地震的诱发等等；又如采矿和冶炼工程的尾矿库，它的渗滤液有可能造成地下水的污染，引起人畜和动植物的中毒。大量工业及生活废弃物的处置、城市的改造、人们居住环境的改善等等，需要考虑的问题不再是孤立的，而是综合的；不再是局部的，而是全面的。因此，岩土工程师面对的不仅是工程本身的技术问题，还必须考虑到工程对环境的影响问题，所以它必然要吸收其他学科，如化学、土壤学、生物学、气象学、水文学等学科中的许多内容来充实自己，从而成为一门综合性和适应性更强的学科。这就是环境岩土工程新学科形成与发展的前提。

人类赖以生存的地球的生态环境所受到的污染日益严重，环境保护事业正面临着日趋严峻的挑战。这种日益增长的环境保护要求,对环境岩土工程学科的发展起到了促进作用。1982 年在美国旧金山召开的第 10 届国际土力学与基础工程学术会议上,有学者提交了一篇《环境岩土工程现状报告》的文章,引起了同行的注意。国际上以1986 年在美国里海大学召开的第一届国际环境岩土工程学术讨论会作为环境岩土工程成为一门独立学科的标志。经过近 30 年的发展,环境岩土工程学科已经从原来作为岩土工程学科的一个分支,逐步发展成为一个研究内容不断丰富的独立学科。

1.2 环境岩土工程的研究内容与分类

环境岩土工程是岩土工程与环境工程等学科紧密结合而发展起来的一门新兴学科,是工程与环境协调、可持续发展背景下岩土工程学科的延伸与发展,它主要是应用岩土力学的观点、技术和方法为治理和保护环境服务。目前,国外对环境岩土工程的研究主要集中于垃圾土、污染土的性质、理论与控制等方面,而国内则在此基础上有较大发展,就目前涉及的问题来分,可以归为两大类:

第一类是人类与自然环境之间的共同作用问题。这类问题主要是由自然灾变引起的,如地震灾害、滑坡、崩塌、泥石流、地面沉降、洪水灾害、温室效应和水土流失等。

第二类是人类的生活、生产和工程活动与环境之间的共同作用问题。这类问题主要是由人类自身引起的。例如城市垃圾及工业生产中的废水、废液、废渣等有毒有害废弃物对生态环境的危害,工程建设活动如打桩、强夯、基坑开挖等对周围环境的影响,过量抽汲地下水引起的地面沉降,等等。

表 1.1 具体列出了环境岩土工程的主要研究内容及分类。从表中可以看出,自然灾变诱发的环境岩土工程问题与人类活动引起的环境岩土工程问题相互之间是有联系的。例如自然灾变导致的土壤退化、洪水灾害、温室效应等问题,也可能是由于人类不负责任的生产或工程活动,破坏了生态环境造成的;人类的水利建设也可能会诱发地震,等等。

表 1.1 环境岩土工程的主要研究内容及分类

研究内容	分类	成因	主要研究内容
环境岩土工程	自然灾变诱发的环境岩土问题	内成的	地震灾害 火山灾害
		外成的	土壤退化 洪水灾害 温室效应 特殊土地质灾害 滑坡、崩塌、泥石流 地面沉降、地裂缝、地面塌陷 ……
	人类活动诱发的环境岩土问题	生活、生产活动引起的	过量抽汲地下水引起地面沉降 生活垃圾、工业有毒有害废弃物污染 采矿造成采空区坍塌 水库蓄水诱发地震 ……
		工程活动引起的	基坑开挖对周围环境的影响 地基基础工程对周围环境的影响 地下工程施工对周围环境的影响 ……

1.3 自然灾变诱发的环境岩土工程问题

自然灾变诱发的环境岩土工程问题主要是指人与自然之间的共同作用问题。多年来，人们在用岩土工程技术和方法来抵御自然灾变所造成的对人类的危害方面已经积累了丰富的经验。

1. 地震灾害

地震灾害是一种危害性很大的自然灾害。由于地震的作用，不仅使地表产生一系列地质现象，如地表隆起、山崩滑坡等，而且还引起各类工程结构物的破坏，如房屋开裂倒塌、桥孔掉梁、墩台倾斜歪倒等。

地震主要由地壳运动或火山活动引起，即构造地震或火山地震。自然界大规模的崩塌、滑坡或地面塌陷也能够产生地震，即塌陷地震。此外，采矿、地下核爆炸及水库蓄水或向地下注水等人类活动也可能诱发地震。

因其灾害的严重性，地震已成为许多科学工作者的研究对象。研究重点主要包括作为防震设计依据的地震烈度的研究、工程地质条件对地震烈度的影响、不同烈度下建筑场地的选择以及地震对各类工程建筑物的影响等，从而能够为不同的地震烈度区的建筑物规划及建筑物的防震设计提供依据。

2. 斜坡地质灾害

体积巨大的物质在重力作用下沿斜坡向下运动，常常形成严重的地质灾害；尤其是在地形切割强烈、地貌反差大的地区，岩土体沿陡峻的斜坡向下快速滑动可能导致人身伤亡和巨大的财产损失，慢速的土体滑移虽然不会危害人身安全，但也可造成巨大的财产损失。斜坡地质灾害可以由地震活动、强降水过程而触发，但主要的作用营力是斜坡岩土体自身的重力。从某种意义上讲，这类地质灾害是内、外营力地质作用共同作用的结果。

斜坡岩土位移现象十分普遍，有斜坡的地方便存在斜坡岩土体的运动，就有可能造成灾害。随着全球性土地资源的紧张，人类正大规模地在山地或丘陵斜坡上进行开发，因而增大了斜坡变形破坏的规模，使崩塌、滑坡灾害不断发生。筑路、修建水库和露天采矿等大规模工程活动也是触发或加速斜坡岩土体产生运动的重要因素之一。

斜坡地质灾害，特别是崩塌、滑坡和泥石流，每年都造成巨额的经济损失和大量的人员伤亡，其中大部分的人员伤亡发生在环太平洋边缘地带。环太平洋地带地形陡峻、岩性复杂、构造发育及地震活动频繁、降水充沛，为斜坡地质灾害提供了必要的物质基础和条件；而全球人口在这一地带的高度集中与大规模的经济活动使得这类地质灾害更为频繁和强烈。

除了直接经济损失和人员伤亡外，崩塌、滑坡和泥石流灾害还诱发多种间接灾害而造成人员伤亡和财产损失，如水库大坝上游滑坡导致洪水泛滥、水土流失、交通阻塞等。

3. 地面变形地质灾害

从广义上讲，地面变形地质灾害是指因内、外动力地质作用和人类活动而使地面形态发生变形破坏，造成经济损失和（或）人员伤亡的现象和过程。如构造运动引起的山地抬升和盆地下沉等，抽取地下水、开采地下矿产等人类活动造成的地裂缝、地面沉降和塌陷等。从狭义上讲，地面变形地质灾害主要是指地面沉降、地裂缝和岩溶地面塌陷等以地面垂直变形破坏或地面标高改变为主的地质灾害。随着人类活动的加强，人为因素已经成为地面变形地质灾害的重要原因。因此，在发展经济、进行大规模建设和矿产开采的过程中，必须对地面变形地质灾害及其可能造成的危害有充分的认识，加强地面变形地质灾害的成因、预测和防治措施的研究，有效减轻地面变形地质灾害造成的经济损失。

4. 地下水

温室效应使得全球暖化，这在加长降雨历时，增大降雨强度的同时，加速了海洋中冰雪的消融，促使海平面上升，再加上地面径流的增加，将导致地下水位的上升。地下水位上升引起的工程环境问题包括：浅基础地基承载力降低，砂土地震液化加剧，建筑物震陷加剧，土壤沼泽化、盐渍化，岩土体发生变形、滑移、崩塌失稳等不良地质现象等。

5. 特殊土地质灾害

特殊土是指某些具有特殊物质成分和结构、赋存于特殊环境中，易产生不良工程地质问题的区域性土，如黄土、膨胀土、盐渍土、软土、冻土、红土等。当特殊土与工程设施或工程环境相互作用时，常产生特殊土地质灾害，故在国外常把特殊土称为"问题土"，意即特殊土在工程建设中容易产生地质灾害或工程问题。

中国地域辽阔，自然地理条件复杂，在许多地区分布着区域性的、具有不同特性的土层。深入研究它们的成因、分布规律和地质特征、工程地质性质，对于及时解决在这些特殊土上进行建设时所遇到的工程地质问题，并采取相应的工程措施及合理确定特殊土发育地区工程建设的施工方案，避免或减轻灾害损失，提高经济和社会效益具有重要的意义。

6. 温室效应

温室效应是指透射阳光的密闭空间由于与外界缺乏热交换而形成的保温效应，就是太阳短波辐射可以透过大气射入地面，而地面增暖后放出的长波辐射却被大气中的二氧化碳等物质所吸收，从而产生大气变暖的效应。

长期以来，人类不加节制、大规模地伐木燃煤，燃烧石油及石油产品，释放出大量的二氧化碳，工农业生产也排放出大量甲烷等派生气体，地球的生态平衡在无意识中遭到破坏，致使气温不断上升。据政府间气候变化专业委员会（IPCC）第四次科学评估报告，过去 100 年（1906—2005 年）全球地表平均温度升高 0.74℃，2005 年全球大气二氧化碳浓度 379 PPM，为 65 万年来的最高值。与 1980—1999 年相比，21 世纪末全球平均地表温度可能会升高 1.1～6.4℃。21 世纪高温、热浪以及强降水频率可能增加，台风强度可能加强。

温室效应使全球海平面及沿海地区地下水位不断上升，土体中有效应力降低，从而产生液化及震陷现象加剧、地基承载力降低等一系列岩土工程问题。河川水位上升，又使堤防标准降低，渗透破坏加剧。大气降雨的增加，台风的加大，使风暴、洪涝灾害加重，引发滑坡、崩塌、泥石流等环境问题。

1.4 人类活动引起的环境岩土工程问题

1.4.1 人类生产活动引发的环境岩土工程问题

1. 过量抽汲地下水引起的地面沉降

随着世界人口的不断增长，工农业生产规模的不断扩大，人类目前不得不面对全球性缺水这样一个严重的环境问题。长期以来，人类在发展过程中，在改造自然的同时，没有注意对环境的保护。大量淡水资源被污染，使得原先就很有限的水资源越发不能满足人们的需要。在许多地区，地下水被大量不合理开采。城市大量抽汲地下水引起的地面沉陷，造成大面积建筑物开裂、地面塌陷、地下管线设施损坏，城市排水系统失效，从而造成巨大损失。地面沉降主要与无计划抽汲地下水有关，地下水的开采地区、开采层次、开采时间过于集中。集中过量地抽取地下水，使地下水的开采量大于补给量，导致地下水位不断下降，漏斗范围亦相应地不断扩大。开采设计上的错误或由于工业、厂矿布局不合理，水源地过分集中，也常导致地下水位的过大和持续下降。据上海的观测，由于地下水位下降引起的最大沉降量已达 2.63 m。

除了人为开采外，其他还有许多因素也会引起地下水位的降低，并可能诱发一系列环境问题。例如对河流进行人工改道，上游修建水库、筑坝截流或上游地区新建或扩建水源地，截夺了下游地下水的补给量；矿床疏干、排水疏干、改良土壤等都能使地下水位下降。另外，工程活动如降水工程、施工排水等也能造成局部地下水位下降。

通常采用压缩用水量和回灌地下水等措施来克服地下水位下降的问题，然而随着时间的推移，人工回灌地下水的作用将会逐渐减弱。所以，到目前为止还没有找到一个满意的解决办法。

2. 废弃物污染造成的环境岩土工程问题

随着社会的进步、经济的发展和人们生活水平的不断提高，城市废弃物产量与日俱增。这些废弃物不但污染环境，破坏城市景观，还传播疾病，威胁人类的健康和生命安全。治理城市废弃物已经成为世界各大城市面临的重大环境问题。

经济的快速发展提高了人们的生活水平，促进了人类社会文明的进步，同时也产生了许多问题。越来越多的人口汇聚城市，使城市的人口数量膨胀。另外，人均生活消费产生的垃圾废弃物数量也急剧增加，造成处理城市废弃物的任务越来越艰巨。废弃物如果不能合理处置，将对环境造成严重的污染。面对每天产出的数量相当庞大的废弃物，人类目前尚无法采用大规模的资源化的方法来解决它们。废弃物的贮存、处置和管理是目前亟待解决的重大课题。

目前，处理废物垃圾的主要方法有堆肥、焚烧和填埋。由于各地具体情况不同及生活垃圾的性质差异，对生活垃圾处理技术的选择也难以统一，很难绝对说哪种方式最好。在中国，填埋法是目前和今后相当长时期内城镇处理生活垃圾的重要方法之一。

据粗略估计，我国卫生填埋所需的土地面积至少为几千万平方米以上。这些填埋场大多建设在城市近郊，有很高的利用价值，如何对废旧填埋场进行再利用已经成为人们关注的问题。废旧填埋场的再利用包括两个方面：一是在原有的老填埋场上继续填埋生活垃圾，从而节省建设新填埋场所需的大量资金；二是对已稳定的填埋场进行安全处理后，用于修建公园、种植经济树木或建造构筑物等。

另外，我国许多城市的废弃物填埋场是山谷型的，填埋场的稳定问题显得极为重要，一旦发生失稳破坏，后果将不堪设想，进行补救很困难，往往耗费巨资。因此，填埋场的稳定问题也是一个重要的课题。

3. 放射性废物的地质处置

核工业带来了各种形式的核废物。核废物具有放射性与放射毒性，从而对人类及其生存环境构成了威胁。因此，核废物的安全处理与最终处置，在很大程度上影响着核工业的前途和生命力，制约着核工业特别是民用核工业的进一步应用与发展。

按放射性水平的不同，核废物可分为高放废物和中低放废物。高放废物的放射性水平高、放射性毒性大、发热量大，而其中超铀元素的半衰期很长，因此，高放废物的处理与处置是核废物管理中最为重要也最为复杂的课题。自 1954 年美国首先开始研究以来，世界有关国家和国际社会开始关注此问题，开展了多方面的研究工作。

消除放射性废物对生态环境危害，可通过 3 种途径：核嬗变处理法、稀释法和隔离法。隔离法又可分为地质处置、冰层处置、太空处置等方法。核嬗变处理法尚处于探索阶段，稀释法不适宜于高放废物，冰层处置与太空处置还仅是一种设想；因此，高放废物最现实可行的方法是地质处置法。

深地质处置是高放废物地质处置中最主要的形式，即把高放废物埋在距离地表深约 500~1000 m 的地质体中，使之永久与人类的生存环境隔离。深地质处置法隔离放射性核素是基于多重屏障的概念：由废物体、废物包装容器和回填材料组成的人工屏障和由岩石与土壤组成的天然屏障。实现这一隔离目标的关键技术有两个，即天然屏障的有效性及工程屏障的有效性。前者与场地的地质和力学稳定性及地下水有关，可通过选取有利场地、有利水文地质条件和有利围岩来实现；后者可通过完善的处置库设计和优良的工程屏障（选取有利的固化体、包装与回填材料）来实现。

开发处置库是一个长期的系统化的过程，一般需要经过基础研究，处置库选址，场址评价，地下实验室研究，处置库设计、建设和关闭等阶段。其中，地下实验室研究是建设处置库不可缺少的重要阶段。各国在进行选址和场址评价的同时还开展大量研究和开发工作，主要包括处置库的设计、性能评价、核素迁移的实验室研究和现场试验、工程屏障研究等。

1.4.2 人类工程活动引发的环境岩土工程问题

随着社会经济的发展，城市人口激增和城市基础设施相对落后的矛盾日益加剧，城市道路交通、房屋等基础设施需要不断更新和改善，我国大城市的工程建设进入了大发展时期。在城市中，特别是大中城市，楼群密集，人口众多，各类建筑、市政工程及地下结构的施工，如深基坑开挖、打桩、施工降水、强夯、注浆、各种施工方法的土性改良、回填以及隧道与地下洞室的掘进，都会对周围土体的稳定性造成重大影响。例如由施工引起的地面和地层运动、大量抽汲地下水引起的地表沉陷，将影响到地面周围建筑物与道路等设施的安全，致使附近建筑物倾斜、开裂甚至损坏，或者引起基础下陷导致其不能正常使用；更为严重的是，由此引起给水管、污水管、煤气管及通信电力电缆等地下管线的断裂与损坏，造成给排水系统中断、煤气泄漏及通信线路中断等等，给工程建设、人民生活及国家财产带来巨大损失，并产生不良的社会影响。

上述事故的主要原因之一是对受施工扰动引起周围土体性质的改变和在施工中结构与土体介质的变形、失稳、破坏的发展过程认识不足，或者虽对此有所认识，但没有更好的理论与方法去解决。由于施工扰动的方式是千变万化、错综复杂的，而施工扰动影响到周围土体工程性质的变化程度也不相同，如土的应力状态与应力路径的改变、密实度与孔隙比的变化、土体抗剪强度的降低与提高以及土体变形特性的改变等等。

长期以来，人们利用传统的土力学理论与方法，以天然状态的原状土为研究对象，进行有关物理力学特性的研究，并将其结果直接用于上述受施工扰动影响的土体强度、变形与稳定性问题，这显然不符合由施工过程所引起的周围土体的应力状态改变、结构的变化及土体的变形、失稳与破坏的发展过程，从而造成许多岩土工程的失稳与损坏，给工程建设与周围环境带来很大危害。如今在确保工程自身安全的同时，如何顾及周围土体介质与构筑物的稳定，已经引起人们的重视。这些问题属于环境岩土工程的范畴。

第2章 滑　坡

2.1　滑坡的基本概念

2.1.1　滑坡的定义与特点

在自然地质作用和人类活动等因素的影响下，斜坡上的岩土体在重力作用下沿一定的软弱面"整体"或局部保持岩土体结构而向下滑动的过程和现象及其形成的地貌形态，称为滑坡。

滑坡的特征表现为：

（1）发生变形破坏的岩土体以水平位移为主，除滑动体边缘存在为数较少的崩离碎块和翻转现象外，滑体上各部分的相对位置在滑动前后变化不大。

（2）滑动体始终沿着一个或几个软弱面（带）滑动，岩土体中各种成因的结构面均有可能成为滑动面，如古地形面、岩层层面、不整合面、断层面、贯通的节理裂隙面等。

（3）滑坡滑动过程可以在瞬间完成，也可能持续几年或更长的时间。规模较大的"整体"滑动一般为缓慢、长期或间歇的滑动。

滑坡的这些特征使其有别于崩塌、错落等其他斜坡变形破坏现象。

2.1.2　滑坡的要素

滑坡具有一定的形态及要素，研究这些形态、要素，对我们寻找滑坡，研究和处理滑坡是大有裨益的。一个发育完全的滑坡，会在外貌上留下许多现象或特征，具有许多形态要素，如图 2.1 所示。

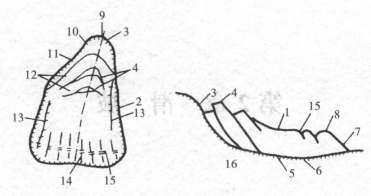

图 2.1 滑坡要素

1—滑坡体；2—滑坡周界；3—滑坡壁；4—滑坡台阶；5—滑动面；6—滑动带；

7—滑坡舌；8—滑动鼓丘；9—滑坡轴；10—破裂缘；11—封闭洼地；12—拉张裂缝；

13—剪切裂缝；14—扇形裂缝；15—鼓张裂缝；16—滑坡床

各要素定义如下：

(1) 滑坡体：滑坡的整个滑动部分，简称滑体。

(2) 滑坡周界：滑坡体和周围不动体在平面上的分界线。

(3) 滑坡壁（破裂壁）：滑坡体后缘和不动体脱开的暴露在外面的分界面。

(4) 滑坡台阶和滑坡埂：由于各段土体滑动速度的差异，在滑坡体上面形成台阶状的错台称滑坡台阶。台阶如因旋转发生倾斜，使台阶边缘形成陡窄的长埂，称滑坡埂。

(5) 滑动面：滑坡体沿不动体下滑的分界面称滑动面。

(6) 滑动带：滑动面上部受滑动揉皱的地带（厚数厘米至数米）。

(7) 滑坡舌（滑坡头）：滑坡体的前缘形如舌状的部分。

(8) 滑动鼓丘：滑坡体前缘因受阻力而隆起的小丘。

(9) 滑坡轴（主滑线）：滑坡体滑动速度最快的纵向线。它代表整个滑坡的滑动方向，一般位于推力最大、滑床凹槽最深（滑坡体最厚）的纵断面上。在平面上可为直线或曲线。

(10) 破裂缘：滑坡体在坡顶开始破裂的地方。

(11) 封闭洼地：滑动时滑坡体与滑坡壁间拉开成沟槽，当相邻土楔形成反坡地形时，即成四周高、中间低的封闭洼地。

(12) 拉张裂缝：位于滑坡体上部，多呈弧形，与滑坡壁方向大致平行。通常将其最外一条（即滑坡周界的裂缝）称滑坡主裂缝。

(13) 剪切裂缝：位于滑坡体中部的两侧，此裂缝的两侧常伴有羽毛状裂缝。

(14) 扇形裂缝：位于滑坡体中下部，尤以滑舌部分为多，成放射状。

(15) 鼓张裂缝：位于滑坡体下部，其方向垂直于滑动方向。

(16) 滑坡床：滑坡体下面没有滑动的岩土体称为滑坡床。

2.1.3 滑坡的识别标志

滑坡的识别应从地形地貌、岩土性质和地层结构构造、水文地质条件、地物变形现象等几个方面，加以综合分析研究和判断。

1．地物地貌标志

滑坡在斜坡上常造成环谷地貌（如圈椅、马蹄状地形），或使斜坡上出现异常台阶及斜坡坡脚侵占河床（如河床凹岸反而稍微突出或有残留的大孤石）等现象。滑坡体上常有鼻状凸丘或多级平台，其高程和特征与外围阶地不同。滑坡体两侧常形成沟谷，并有双沟同源现象。有的滑坡体上还有积水洼地、地面裂缝、醉汉林、马刀树和房屋倾斜、开裂等现象（如图2.2所示）。

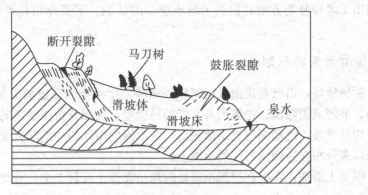

图 2.2　滑坡地物地貌标志

2．岩、土结构标志

滑坡范围内的岩、土常有扰动松脱现象。基岩层位、产状特征与外围不连续，有时局部地段新老地层呈倒置现象，常与断层混淆；常见有泥土、碎屑充填或未被充填的张性裂缝，普遍存在小型坍塌。

3．水文地质标志

斜坡含水层的原有状况常被破坏，使滑坡体成为复杂的含水体。在滑动带前缘常有成排的泉水溢出。

4．滑坡边界及滑坡床标志

滑坡后缘断壁上有顺坡擦痕，前缘土体常被挤出或呈舌状凸起；滑坡两侧常以沟谷或裂面为界；滑坡床常具有塑性变形带，其内多由黏性物质或黏粒夹磨光角砾组成；滑动面很光滑，其擦痕方向与滑动方向一致。

2.2 滑坡的类型与形成条件

2.2.1 滑坡的分类

合理的滑坡分类对于认识和防治滑坡是必要的。目前，人们从不同的观点和应用目的出发提出了多种分类方案，但尚未形成统一的认识。下面介绍几种滑坡的主要分类方式。

1. 按滑动面特征划分

(1) 顺层滑坡：沿已有层面或层间软弱面等发生滑动而形成的滑坡，如岩层层面、不整合面、节理或裂隙面、松散层与基岩的界面等，大都分布在顺倾向的山坡上。

(2) 切层滑坡：滑动面与岩层面相切，常沿倾向山外的一组断裂面发生，滑坡床多呈折线状，多分布在逆倾向岩层的山坡上。

(3) 同类土滑坡：发生在层理不明显的均质黏性土或黄土中，滑动面均匀光滑。

2. 按引起滑动的力学性质划分

(1) 牵引式滑坡：斜坡下部首先失稳发生滑动，继而牵动上部岩土体向下滑动的滑坡。一般速度较慢，多呈上小下大的塔式外貌，横向张性裂隙发育，表面多呈阶梯状或陡坎状，常形成沼泽地。

(2) 推移式滑坡：斜坡上部首先失去平衡发生滑动，并挤压下部岩土体使其失稳而滑动的滑坡。滑动速度较快，多呈楔形环谷外貌，滑体表面波状起伏，多见于有堆积物分布的斜坡地段。

(3) 混合式滑坡：牵引式滑坡和推动式滑坡的混合形式。

3. 按滑坡的主要组成物质和成分划分

按组成滑坡物质的成分，可将其分为土质滑坡和岩层滑坡两大类，其中土质滑坡可进一步分为堆积层滑坡、黄土滑坡和黏性土滑坡。

4. 按滑坡的形成机制划分

孙广忠等人从滑坡形成机制的角度对我国的滑坡进行了详细分类，归纳为9种类型，即楔形体滑坡、圆弧面滑坡、顺层面滑动的滑坡、复合型滑坡、堆积层滑坡、崩坍碎屑流型滑坡、岸坡或斜坡开裂变形体、倾倒变形边坡和溃决破坏边坡。其中岸坡或斜坡开裂变形体属潜在危岩体，尚未形成滑坡；倾倒变形边坡和溃屈破坏边坡更接近于崩塌。

楔形体滑坡的主要特点是滑动向及切割面均为较大的断层或软弱结构面，常出现于人工开挖的边坡；其规模一般比较小。圆弧滑面滑坡常见于具有半胶结特性的土质滑坡中，规模一般较大，其发育演化过程表现为坡脚蠕动变形、滑坡后缘张裂扩张和滑坡中部滑床剪断贯通三个阶段。顺层面滑动的滑坡可进一步分为沿单一层面滑动的滑坡及坐落式平推滑移型滑坡两类。具有复合形态滑面的滑坡多为深层滑坡，上部第四系松散堆积层形成近似圆弧形滑面，下部基岩则多沿软弱结构面发育，构成复合形态的滑动面。堆积层滑坡常发生在第四系松散堆积层中。崩塌碎屑流滑坡一般具有较高的滑动速度，多发生在两岸斜坡较陡的峡谷地区，高速运动的滑体在抵达对岸受阻后反冲回弹而顺峡江向下游"流动"，形成碎屑流堆积体。

此外，按主滑面成因可将滑坡分为堆积面滑坡、岩层层面滑坡、构造面滑坡和同生面滑坡四类；按滑体厚度可将滑坡分为浅层滑坡、中层滑坡和深层滑坡；按滑体的体积可将滑坡分为小型滑坡、中型滑坡、大型滑坡和巨型滑坡；按滑坡发生后的活动性，可将其分为活滑坡和死滑坡。

应该指出，上述各种分类虽然自成系统，但彼此间也具有内在的联系。根据不同的目的和需要，可以对滑坡进行单要素命名或综合要素命名。如对沿堆积面滑动的滑体为黏性土的滑坡，可按单要素命名为黏性土滑坡或堆积面滑坡，也可按综合要素命名为黏性土堆积面滑坡或堆积面黏性土滑坡。

2.2.2 滑坡的形成条件

自然界中，无论天然斜坡还是人工边坡都不是固定不变的。在各种自然因素和人为因素的影响下，斜坡一直处于不断地发展和变化之中。滑坡形成的条件主要有地形地貌、地层岩性、地质构造、水文地质条件和气候、地震、人为活动等因素。

1. 地形地貌

斜坡的高度、坡度、形态和成因与斜坡的稳定性有着密切的关系。高陡斜坡通常比低缓斜坡更容易失稳而发生滑坡。斜坡的成因、形态反映了斜坡的形成历史、稳定程度和发展趋势，对斜坡的稳定性也会产生重要的影响。如山地的缓坡地段，由于地表水流动缓慢，易于渗入地下，因而有利于滑坡的形成和发展。山区河流的凹岸易被流水冲刷和淘蚀，当黄土地区高阶地前缘坡脚被地表水侵蚀和地下水浸润，这些地段也易发生滑坡。

2. 地层岩性

地层岩性是滑坡产生的物质基础。虽然不同地质时代、不同岩性的地层中都可能形成滑坡，但滑坡产生的数量和规模与岩性有密切关系。容易发生滑动的地层和岩层组合有第四系黏性土、黄土与下伏三趾马红土及各种成因的细粒沉积物，第三系、白垩系及侏罗系的砂岩与页岩、泥岩的互层，煤系地层，石炭系的石灰岩与页岩、泥岩互层，泥质岩的变质岩系，质软或易风化的凝灰岩，等等。这些地层岩性软弱，在水和其他外营力作用下因强度降低而易形成滑动带，从而具备了产生滑坡的基本条件。因此，这些地层往往称为易滑地层。

3. 地质构造

地质构造与滑坡的形成和发展的关系主要表现在两个方面：

（1）滑坡沿断裂破碎带往往成群成带分布。

（2）各种软弱结构面（如断层面、岩层面、节理面、片理面及不整合面等）控制了滑动面的空间展布及滑坡的范围。如常见的顺层滑坡的滑动面绝大部分是由岩层层面或泥化夹层等软弱结构面构成的。

4. 水文地质条件

各种软弱层、强风化带因组成物质中黏土成分多，容易阻隔、汇聚地下水，如果山坡上方或侧方有丰富的地下水补给，则这些软弱层或风化带就可能成为滑动带而诱发滑坡。地下水在滑坡的形成和发展中所起的作用表现为：

（1）地下水进入滑坡体增加了滑体的重量，滑带土在地下水的浸润下抗剪强度降低。

（2）地下水位上升产生的静水压力对上覆不透水岩层产生浮托力，降低了有效正应力和摩擦阻力。

（3）地下水与周围岩体长期作用改变了岩土的性质和强度，从而引发滑坡。

（4）地下水运动产生的动水压力对滑坡的形成和发展起促进作用。

5. 气候条件

暴雨或长期降雨以及融雪水可使斜坡岩土体饱和水分，增强润滑作用，降低斜坡的稳定性，因此滑坡多发生在雨季或春季冰雪融化时，尤其是大雨、暴雨、久雨中发生的滑坡更多。如1987年1月，在西北特大暴雨中就发生滑坡6万多处；1982年川东发生大暴雨，仅据忠县、万县、云阳、奉节4县统计，滑坡就有6.4万起。

6. 震动触发条件

剧烈振动减少摩擦阻力，破坏边坡平衡，导致滑坡发生，如地震、爆破等。2008年5月12日汶川发生8.0级地震，触发了超过197000处滑坡。

7. 人类活动

人工开挖边坡或在斜坡上部加载，改变了斜坡的外形和应力状态，增大了滑体的下滑力，减小了斜坡的支撑力，从而引发滑坡。铁路、公路沿线发生的滑坡多与人工开挖边坡有关。人为破坏斜坡表面的植被和覆盖层等人类活动均可诱发滑坡或加剧已有滑坡的发展。

2.2.3 滑坡的发育阶段

滑坡的发育是一个缓慢而长期的变化过程。通常将滑坡的发育过程划分为三个阶段，即蠕动变形阶段、滑动破坏阶段和压密稳定阶段。研究滑坡发育过程对于认识滑坡和正确地选择防治措施都有重要的意义。

1. 蠕动变形阶段

由于各种因素的影响，斜坡岩土体强度逐渐降低或斜坡内部剪切应力不断增加使斜坡的稳定状态受到破坏。斜坡内较软弱的岩土体首先因抗剪强度小于剪切应力而发生变形，当变形发展至坡面便形成断续的拉张裂缝。裂缝的出现使地表水的入渗作用加强，变形进一步发展，后缘裂缝加宽，并出现小的错断，滑体两侧的剪切裂缝也相继出现，坡脚附近的岩土被挤出。此时，滑动面基本形成，但尚未全部贯通。

斜坡变形继续发展，后缘拉张裂缝进一步加宽，错距不断增大，两侧羽毛状剪切裂缝贯通，斜坡前缘的岩土受推挤而鼓起，并出现大量鼓胀裂缝，滑坡出口附近渗水浑浊。至此，滑动面全部贯通，斜坡岩土体开始沿滑动面整体向下滑动。从斜坡发生变形、坡面出现裂缝到斜坡滑动面贯通的发展阶段称为滑坡的蠕动变形阶段。这一阶段经历的时间有长有短，长者可达数年之久，短者仅数月或几天时间。

2. 滑动破坏阶段

滑动破坏阶段是指滑动面贯通后，滑坡开始作整体向下滑动的阶段。此时滑坡后缘迅速下陷，滑壁明显出露；有时滑体分裂成数块，并在坡面上形成阶梯状地形。滑体上的树林倾斜形成"醉汉林"，水管、渠道等被剪断，各种建筑物严重变形以致倒塌。随着滑体向前滑动，滑坡体向前伸出形成滑坡舌，并使前方的道路、建筑物遭受破坏或被掩埋。发育在河谷岸坡的滑坡，或者堵塞河流，或者迫使河流弯曲转向。

这一阶段滑坡的滑动速度主要取决于滑动面的形状和抗剪强度、滑体的体积以及滑坡在斜坡上的位置。如果滑带土的抗剪强度变化不大，则滑坡不会急剧下滑，一般每天只滑动几毫米。在滑动过程中若滑带土的抗剪强度快速降低，滑坡就会以每秒几米甚至几十米的速度下滑。这种高速下滑的大型滑坡在滑动中常伴有巨响并产生很大的气浪，从而危害更大。

3. 压密稳定阶段

滑坡体在滑动过程中具有一定的动能，可以滑到很远的地方。但在滑面摩擦阻力的作用下，滑体最终要停止下来。滑动停止后，除形成特殊的滑坡地形外，滑坡岩土体结构和水文地质条件等都发生了一系列变化。

在重力作用下，滑坡体上的松散岩土体逐渐压密，地表裂缝被充填，滑动面（带）附近的岩土强度由于压密，固结程度提高，整个滑坡的稳定性也有所提高。当滑坡坡面变缓、滑坡前缘无渗水、滑坡表面植被重新生长的时候，说明滑坡已基本稳定。滑坡的压密稳定阶段可能持续几年甚至更长的时间。

实际上，滑坡的滑动过程是非常复杂的，并不完全遵循上述三个发展阶段。如黄土或黏性土滑坡一般没有蠕动变形阶段，在强大震动力的作用下可突然发生滑坡灾害。

2.3 滑坡的勘察

滑坡勘察应查明滑坡类型及要素、滑坡的范围、性质、地质背景及其危害程度，分析滑坡原因，判断稳定程度，预测发展趋势，提出防治对策、方案或整治设计的建议。滑坡勘察的内容主要包括滑坡的测绘与调查、勘探以及试验等。

2.3.1 滑坡的测绘和调查

滑坡的工程地质测绘与调查范围应包括滑坡区及其邻近地段，其目的在于查明滑坡的要素——性质类型、范围，产生的条件、原因、滑坡的历史、现状及施工开挖后可能的发展趋势，为滑坡性质确定提供基础资料，为线路通过方案、建筑物设置方案的比选，以及各种防滑工程设施提供必需的依据资料。

滑坡测绘和调查的主要内容包括：

（1）搜集当地滑坡史、易滑地层分布、气象、工程地质图和地质构造图等资料；

（2）调查微地貌形态及其演变过程，详细圈定各滑坡要素，查明滑坡分布范围、滑带部位、滑痕指向、倾角以及滑带的组成和岩土状态；

（3）调查滑带水和地下水的情况、泉水出露地点及流量，地表水体、湿地的分布、变迁以及植被情况；

（4）调查滑坡内外已有建筑物、树木等的变形、位移特点及其形成的时间和破坏过程；

（5）调查当地防治滑坡的过程和经验。

2.3.2 滑坡的勘探

勘探工作是为了了解滑坡内部特征，一般应在调查测绘工作的基础上进行，因为通过调查测绘才有依据选择勘探方法、布置勘探点。勘探的目的在于证实调查测绘的推论是否正确，并进一步揭露滑坡内部的结构特征，确定滑坡性质及其产生原因，并为正确的整治工程提供设计资料。滑坡勘探的具体任务从工程地质上要求是确定滑坡范围、厚度、物质组成、滑动带（包括滑床或滑面）的个数、形状、位置、各段物质组成变化及含水状态，并取足够的土样作物理力学试验。从水文地质上要求确定与滑坡有关的地下水的层数、分布、补给来源、动态及各层间水的水力联系，每层水的水位、水质、水域及其含水层的厚度，必要时可保留一些钻孔进行长期观测。

滑坡勘探工作应根据需要查明的问题的性质和要求选择适当的勘探方法。常用的勘探方法及适用条件如下：

（1）井探、槽探：用于确定滑坡周界和滑坡壁、前缘的产状，有时也可作为现场大面积剪切试验的试坑。

（2）深井：用于观测滑坡体的变化、滑动带特征及采取不扰动试样等。深井常布置在滑坡体中前部主轴附近，采用深井时，应结合滑坡的整治措施综合考虑。

（3）洞探：用于了解滑坡的内部特征，当滑坡体厚度大、地质条件复杂时采用。洞口常选在滑坡两侧沟壁或滑坡前缘，平洞常为排泄地下水整治工程措施的一部分，并兼做观测洞。

（4）电探：用于了解滑坡区含水层、富水带的分布和埋藏深度，了解下伏基岩起伏和岩性变化及与滑坡有关的断裂破碎带范围。

（5）地震勘探：用于探测滑坡区基岩的埋深，滑动面位置、形状等。

（6）钻探：用于了解滑坡内部的构造，确定滑动面的范围、深度和数量，观测滑坡深部的滑动动态。可在钻孔内埋设仪器，进行滑坡体地下水位及内部位移的监测。

滑坡勘探线和勘探点的布置应根据工程地质条件、地下水情况和滑坡形态确定。除沿主滑方向应布置勘探线外，在其两侧滑坡体外也应布置一定数量的勘探线。勘探点间距不宜大于 40 m，在滑坡体转折处和预计采取工程措施的地段，也应布置勘探点。在滑床转折处，应设控制性勘探孔。勘探方法除钻探和触探外，应有一定数量的探井。对于规模较大的滑坡，宜布置物探工作。

2.3.3　滑坡的试验

滑坡试验的目的在于确定滑坡体的水文地质参数和物理力学参数，为滑坡体稳定性分析及防治工程设计提供依据。

水文地质试验有：抽（提）水试验，用于测定滑坡体内含水层的涌水量和渗透系数；分层止水试验和连通试验，用于观测滑坡体各含水层的水位动态，地下水流速、流向及相互联系；进行水质分析，根据滑坡体内、外水质对比和体内分层对比，判断水的补给来源和含水层数。

除对滑坡体不同地层分别作天然含水量、密度试验外，更主要的是对软弱地层，特别是滑带土作物理力学性质试验。滑带土的抗剪强度直接影响滑坡稳定性验算和防治工程的设计，因此测定滑带土的抗剪强度参数应根据滑坡的性质，组成滑带土的岩性、结构和滑坡目前的运动状态，选择尽量符合实际情况的剪切试验（或测试）方法。

当前，滑带土的抗剪强度试验有室内试验和现场大型剪切试验。室内试验分直剪试验和三轴试验。

1. 直剪试验

直剪试验的试验设备和操作都比较简单，试验费用低，在工程上获得广泛应用，但试验的误差和离散性较大。此外，滑带受剪时土体所处的条件不同会影响其抗剪强度。因此，试验时，应采用与滑动受力条件相类似的方法，获取滑带土的抗剪强度指标。

（1）不固结不排水剪切（快剪）试验，相应的黏聚力和内摩擦角指标分别为 c_u、φ_u。

当施加垂直荷载 P 以后，立即加水平剪力，在 3～5 min 内把土样剪损。在试验工程中，不让土中水排出，保持土的含水量不变，因此试样中存在孔隙水压力，此时测得的抗剪强度最小。如果在浸水条件下进行这项试验，即获得饱和快剪强度。这两个强度在滑坡稳定性分析中应用很广，适用于在边坡施工开挖情况与暴雨和库水降落期滑坡突然发生的急剧破坏，也适用于新建路堤边坡的浅层稳定分析。与这种强度指标相对应的稳定分析方法是总应力法，它避免了确定孔隙水压力的困难，因而适用于黏性土。

（2）固结不排水剪切（固结快剪）试验，相应的黏聚力和内摩擦角指标分别为 c_{cu}、φ_{cu}。

当施加垂直荷载 P 以后，让孔隙水压力全部消散，在固结后再施加水平剪力，在 3~5 min 内把土样剪损，不改变土的含水量。此时试样的有效应力有一定控制，仍含有一定量的孔隙水压力，测得的抗剪强度稍大于不固结不排水剪切试验的抗剪强度。在水下进行这项试验时，浸水固结快剪可以获得饱和固结快剪强度。固结不排水剪切试验用来模拟滑坡在自重和正常荷载下固结已完成，后来又遇到快速荷载被剪破的情况。这种强度适用于时动时停的滑坡在天然状态下或雨中突然破坏的情况，也适用于新建路堤边坡的稳定分析。与固结不排水剪切试验一样，它适用于采用总应力法分析的黏性土。

（3）排水剪切（固结慢剪）试验，相应的黏聚力和内摩擦角指标分别为 c'、φ'。

试样在施加垂直荷载 P 以后，待孔隙水压力全部消散，再施加水平剪力。每级水平剪力施加后都充分排水，使试样在应力变化过程中始终处在孔隙水压力为零的固结状态，直至试样剪损。由于试验过程中孔隙水压力为零，排水剪切试验测得的抗剪强度最大。它用来模拟在自重下固结完成后，受缓慢荷载作用被剪破或砂性土被剪破的情况。适用于无黏性土，以及稳定渗流期或库水位降落期等滑坡的有效应力法稳定性分析。

2. 三轴试验

三轴试验的设备和操作过程比直剪试验稍复杂一些，但试样在加载过程中应力分布比较均匀，试样的固结和加载速率易于控制，试验成果比较稳定，离散性较小。因而对于重大工程，宜进行三轴试验。

与直剪试验一样，三轴试验也有不固结不排水试验、固结不排水试验与固结排水试验。当需要提供总应力法强度时，如加载速率较快，宜采用不固结不排水试验。库水位迅速下降时滑坡稳定分析，或新建路堤边坡稳定分析可采用固结不排水试验。当需要提供有效应力强度指标时，可采用固结排水试验。

当滑坡处于滑动阶段时，滑坡的滑面应取残余强度指标，因而滑带土强度需提供峰值强度和残余强度。当试样的剪应力达到峰值后，其强度随剪切位移量的增加而逐渐减小，最终趋于稳定值，此值称为残余强度，其指标为 c_r、φ_r。残余剪切强度可采用特制的直剪仪或三轴仪通过反复剪切试验测定，也可采用环剪仪进行测定。

3. 现场大型剪切试验

对于大型工程、大型与巨型滑坡、碎石土滑坡等宜采用现场原位大剪试验。大剪试验尽管操作麻烦，费用昂贵，但它更接近实际情况。现场试验可分为试样在法向力作用下沿剪切面破坏的抗剪断强度试验和试样剪断后沿剪切面继续剪切的抗剪试验，前者表示试样的峰值抗剪强度，后者表示试样的残余抗剪强度。大剪试验依据需要可以固结或不固结、排水或不排水等。

为检验滑动面抗剪强度指标的代表性，可采用反演分析法对滑动面的抗剪强度参数进行反演，即通过已知滑坡的稳定系数和滑动面位置等条件反算滑动面的抗剪强度参数。当计算的前提条件十分清楚和准确时，反算的结果是准确的。反之，反算结果的可信性就会降低。反演分析的基本前提条件包括：①需要选择合适的稳定系数值。对于正在滑动的滑坡，可根据滑动速率选择略小于 1 的稳定系数值，一般取 0.95~1；对处于暂时稳定的滑坡，可选择略大于 1 的稳定系数值，一般取 1~1.05。②需要知道滑动面的确切位置，包括后侧拉裂面和前缘剪出口等，采用实测的主滑断面进行计算。③需要查清造成滑坡变形的各种外在因素，如降雨、地震、水位升降、坡上弃土等。

2.4　滑坡的监测与预测预报

2.4.1　滑坡的监测

滑坡监测的主要目的是了解和掌握滑坡的演变过程，及时捕捉滑坡灾害的特征信息，为滑坡的正确分析评价、预测预报及治理工程等提供可靠的资料和科学依据。同时，监测结果也是检验滑坡分析评价及滑坡治理工程效果的尺度。因此，监测既是滑坡调查、研究和防治工程的重要组成部分，又是滑坡地质灾害预测预报信息获取的一种有效手段。

目前，国内外滑坡监测的技术和方法已发展到一个较高水平。监测内容丰富，监测方法众多，监测仪器也多种多样。这些方法从不同侧面反映了与滑坡形成和发展相关的各种信息。随着卫星技术、电子技术与计算机技术的发展，滑坡灾害的自动监测技术及所采用的仪器设备也将不断得到发展与完善，监测内容将更加丰富。

滑坡监测的内容主要涉及滑坡灾害的成灾条件、演变过程和灾害防治效果等。监测的具体内容和仪器包括：

（1）地表位移监测，主要监测仪器有经纬仪、水准仪、全站仪、GPS、收敛计、测缝计等。

（2）内部位移监测，主要监测仪器有多点位移计、钻孔倾斜仪、滑动测微计（变形计）、三向位移计、应变计等。

（3）环境要素监测，如地震、降水量、气温、地表水和地下水动态和水质变化以及水温、孔隙水压力等环境因素和爆破、灌溉渗水等人类活动的监测，主要监测仪器有自动雨量计、水位计、渗压计、流量计及地震仪等。

（4）岩土体及支护结构受力监测，监测仪器有压力盒、地应力、钢筋计、锚杆应力计、锚索测力计等。

2.4.2　滑坡的预测预报

一般而言，滑坡的预测预报包括滑坡的发生时间、空间及规模三个方面。滑坡预测主要是指对于可能发生滑坡的空间、规模的判定。它包括发生地点、类型、规模（范围和厚度）以及工程、农田活动和居民生命财产可能产生的危害程度的预先判定。滑坡发生地点的预测，其问题的实质就是把握产生滑坡的内在条件和诱发因素，尤其是掌握滑坡分布的空间规律。滑坡预报主要是指对可能发生滑坡的时间的判定。

1. 滑坡的预测

滑坡预测的基本内容主要是：可能发生滑坡的区域、地段和地点；区内可能发生滑坡的基本类型、规模、基本特点，特别是运动方式、滑动速度和可能造成的危害。依据研究区域的范围和目的的不同，可以把预测大致划分为区域性预测、地区性预测、场地预测三大类。

滑坡的预测方法大体分两类：因子叠加法、综合指标法。

（1）因子叠加法，将每一影响因子按其在滑坡发生中的作用大小纳入一定的等级，在每一因子内部又划分为若干级，然后把这些因子的等级全部以不同的颜色、线条、符号等表示在一张图上，那么因子重叠最多的地段就是发生滑坡可能性最大的地段。可以把这种重叠情况与已经进行详细研究的地段相比较而做出危险性预测。

这里的影响因子应包括主导因子和从属因子两部分。主导因子包括地层岩性、结构构造以及地貌和临空面等。从属因子包括气候、降雨、干湿对比，河流冲刷、淘蚀作用，地震，地下水，人类活动，等等。

因子叠加法是一种定性的、概略的预测法，也是目前切实可行且具有实用价值的一种方法。

（2）综合指标法，把所有影响因子在斜坡形成中的作用以一种数值来表示，然后对这些量值按一定的公式进行计算、综合，把计算所得的综合指标值按一定的原则和方法划分等级，编制出滑坡危险性分区图或斜坡稳定性分区图。

滑坡预测的综合指标值用式（2-1）表示：

$$M = F(a,b,c,d,\cdots) \tag{2-1}$$

式中：

M——综合指标值；

a，b，c，d——分别为某一单因子指标值。

当 $M > N$ 时，为危险区；

当 $M = N$ 时，为准危险区；

$M < N$ 时，为稳定区。

其中，N 为发生滑坡的临界指标值，N 值的确定十分重要，也颇不容易。目前的办法同样只有通过典型地区滑坡资料的统计分析而初步确立。

2. 滑坡的预报

滑坡预报指滑坡滑动时间的预报，大致可以划分为区域性趋势预报和场地性预报。预报都是针对易滑地区而言的，也就是说，在区域调查的基础上，对可能产生滑坡的地区做出滑坡发生时间的预报。它包括长期预报和短期预报（即时预报）。

（1）区域性趋势预报，区域性趋势预报是一种长期预报，是对于某一预定区域的滑坡活跃期和宁静期的趋势性研究，指出哪些可能会大量发生滑坡，造成危害。因此，这类预报对大规模滑坡灾害的预防及事前准备应急措施是极其有益的。

长期预报是根据诱发滑坡产生的各种因素（降雨量、地下水动态、河流、水库水位及冲刷强度、地震、人类活动）的影响，来估计斜坡稳定性随时间而变化的细节。在所有各种诱发因素中，除了人类活动因素完全具人为性以外，其他各种因素都有一定的周期性规律，掌握这种规律，对于做出滑坡活动的长期预报是极为重要的。例如，在我国南方多雨地区，必须了解降雨量多少及其周期性变化。在这方面，"临界降雨强度"的正确判断和预测尤其具有重要意义。因此，要对不同地区滑坡活动做出长期预报，必须建立不同地区"临界降雨强度"概念及数量界限，这样，便可根据气象部门的预报做出滑坡发生时间的粗略预报。

（2）场地性预报。场地性预报是一种短期预报，亦称即时预报，它是对于某一建设场地或某个具体斜坡能否发生滑坡以及滑坡特征、滑速、出现时刻的预先判定。这些预报对于水利、铁道、交通、矿山等具体的建设工程十分重要。

场地性预报大致包括以下具体内容：

①始滑预报，即对滑坡体开始明显滑动时间的预先判定。所谓明显滑动是指滑坡周界裂缝基本连通、地表发生位移。这种现象的出现多半滞后于深部破坏出现的时间，两者之间有一段明显的时间差，因此，有可能做出这类预报。它对于场地的建设工程十分重要。

②加速滑动预报，即对于滑坡体开始进入加速滑动阶段的时间的预先判定。由于不少建筑物的严重破坏，并不发生在始滑阶段，而发生在加速滑动阶段，因此，做出这类预报也很必要。

③剧滑预报，即对于滑坡体进入剧滑（崩坍性滑动），达到崩坏时刻的预先判定。这类预报对于制定人员、设备撤离和临时中断交通等应急计划是非常重要的。

即时预报是在区域空间预报和长期时间预报的基础上，通过各种变形征兆的实际精密量测实现的。即时预报由于能对滑坡发生的具体时间做出比较确切、肯定的预报，因此，对于适时采取有效措施以减少或避免人类生命财产的损失具有极其重要的意义。

目前，国内外预报滑坡破坏时间的方法很多，主要集中于前兆现象、经验公式、统计模型等几个方面。

2.5 滑坡的稳定性分析与评价

滑坡的稳定性，与它所处的发育阶段密切相关。不同的发展阶段，有与之相应的稳定系数范围。对于一个具体滑坡的研究，必须了解该滑坡的具体稳定状态，同时应了解滑坡稳定状态的变化趋势。

对于滑坡稳定性的评价判断，有定性分析和定量计算两类方法。定性的分析也就是工程地质分析方法，主要是通过对地质条件和影响因素的分析，结合已有实例和经验进行对比，并可配合试验加以验证，从而对滑坡的稳定性做出评价。定量计算主要是采用岩土力学的基本理论以及适当的边界条件和计算参数，定量计算滑坡的稳定性。定量计算方法有极限平衡法、有限元强度折减法等方法。

2.5.1 工程地质分析方法

滑坡稳定性的定性分析、判断是定量计算的必要基础。包括从地形地貌特征、地质条件、变形迹象以及各种促发因素对滑坡当前所处的稳定状态及其发展趋势做出总的分析、判断，这亦是进行滑坡稳定性定量计算的前提。

1. 根据地貌特征分析

根据地貌特征可参照表 2.1 判断滑坡的稳定性。

表 2.1　根据地貌特征判断滑坡稳定性

滑坡要素	相对稳定	不稳定
滑坡体	坡度较缓，坡面较平整，草木丛生，土体密实，无松塌现象，两侧沟谷已下切深达基岩	坡度较陡，平均坡度30°，坡面高低不平，有陷落松塌现象，无高大直立树木，地表水泉湿地发育
滑坡壁	滑坡壁较高，长满了草木，无擦痕	滑坡壁不高，草木少，有坍塌现象，有擦痕
滑坡平台	平台宽大，且已夷平	平台面积不大，有向下缓倾或后倾现象
滑坡前缘及滑坡舌	前缘斜坡较缓，坡上有河水冲刷过的痕迹，并堆积了漫滩阶地，河水已远离舌部，舌部坡脚有泉水	前缘斜坡较陡，常处于河水冲刷之下，无漫滩阶地，有时有季节性泉水出露

另外，也可利用滑坡工程地质图，根据各阶地标高联结关系，滑坡位移量与周围稳定地段在地物、地貌上的差异，以及滑坡变形历史等分析地貌发育历史过程和变形情况来推断发展趋势，判定滑坡整体和各局部的稳定程度。

2. 工程地质及水文地质条件对比

将滑坡地段的工程地质及水文地质条件与附近相似条件的稳定山坡进行对比，分析其差异性，从而判定其稳定性。

(1) 下伏基岩呈凸形的，不易积水，较稳定；相反，呈勺形，且地表有反坡向地形时，易积水，不稳定。

(2) 滑坡两侧及滑坡范围内同一沟谷的两侧，在滑动体与相邻稳定地段的地质断面中，详尽地对比描述各层的物质组成、组织结构、不同矿物含量和性质、风化程度和液性指数在不同位置上的分布等，借以判断山坡处于滑动的某一阶段及其稳定程度。

(3) 分析滑动面的坡度、形状、与地下水的关系，软弱结构面的分布及其性质，以判定其稳定性及估计今后的发展趋势。

3. 滑动前的迹象及滑动因素的变化

分析滑坡滑动前的迹象，如裂缝、水泉复活、舌部鼓胀、隆起等，以及引起滑动的自然和人为因素如切方、填土、冲刷等，研究下滑力与抗滑力的对比及其变化，从而判定滑坡的稳定性。

2.5.2 极限平衡分析方法

1. 极限平衡法的基本原理

极限平衡法是在已知滑移面上对滑坡进行静力平衡分析,从而求出滑坡稳定安全系数。安全系数 F_s 的定义为,将滑动面的抗剪强度指标按同一比例降低为 c/F_s 和 $\tan\varphi/F_s$,则土体将沿此滑动面处处达到极限平衡状态,即有式

$$\tau = c_e + \sigma_n \tan\varphi_e \qquad (2-2)$$

式(2-2)中:

$$c_e = c/F_s, \varphi_e = \varphi/F_s$$

极限平衡法是当今国内外应用最广的滑坡稳定性分析方法。运用极限平衡法必须事先知道滑动面的位置和形状。当滑移面为一简单平面时,静力平衡计算可以采用解析法计算,因而可获得解析解。当滑移面为圆弧、折线或任意形状时,无法获得解析解,通常要采用条分法求解。

2. 平面滑动法

平面滑动法适用于滑动面为平面的边坡,如图 2.3 所示。当坡体不受其他附加作用力的情况下,边坡稳定安全系数可采用下式计算:

$$F_s = \frac{\gamma V \cos\beta \tan\varphi + Ac}{\gamma V \sin\beta} \qquad (2-3)$$

式中:

γ——岩土体的重度(kN/m³);

V——岩土体的体积(m³);

β——底滑面的倾角(°);

A——底滑面的面积(m²)。

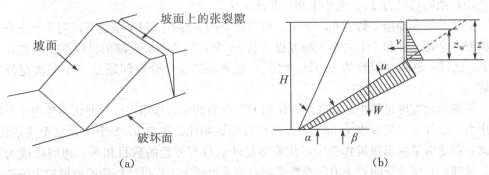

(a)　　　　　　　　　　　　　　　(b)

图 2.3　坡面上有张裂隙的岩质边坡的平面破坏

当在坡体上还附加有其他的作用力,例如静水压力、动水压力、地震力、附加荷载等,则边坡稳定性分析更为复杂。这时,要相应地将这些附加力考虑于楔体的力系平衡

中。例如当边坡存在张节理时，在暴雨情况下，由于张节理底部排水不畅，节理内可能临时充水到一定高度，沿张节理和滑动面产生静水压力，使滑动力增大，如图 2.3（b）所示。此时，边坡稳定性系数可采用下式计算：

$$F_s = \frac{(\gamma V \cos\beta - u - v\sin\beta)\tan\varphi + Ac}{\gamma V \sin\beta + v\cos\beta} \tag{2-4}$$

式中：

u——底滑面上的水压力（kN）；

v——后缘裂隙面上的水压力（kN）。

3. 条分法

考虑图 2.4 所示的可能滑动体，将材料的有效抗剪强度指标 c 和 $\tan\varphi$ 除以 F_s 后，可能滑动体处于极限平衡。将该可能滑动体划分为 n 个垂直条块，其中，条块的体力 W_i，作用点为条块的重心，可由材料的容重和几何参数计算。需要求的未知量有：

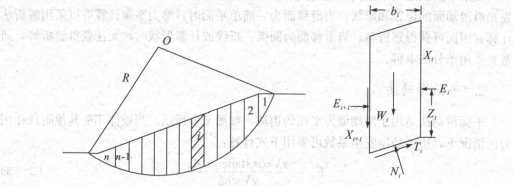

图 2.4　滑体的条分及条块的受力分析

（1）滑坡稳定安全系数 F_s；

（2）条间法向力 E_i，大小及作用点位置未知，共计 $2(n-1)$ 个；

（3）条间切向力 X_i，大小未知，共计 $(n-1)$ 个；

（4）条底法向力 N_i，大小及作用点位置未知，共计 $2n$ 个；

（5）条底切向力 T_i，大小未知，共计 n 个。

上述总的未知量个数为 $6n-2$ 个。可以建立的方程有：每个条块可以列 2 个正交方向的静力平衡方程和 1 个力矩平衡方程，共 $3n$ 个；每个条块底部的极限平衡条件，共 n 个。这样，总的方程数为 $4n$ 个。因此，滑坡的稳定性分析问题是一个高次超静定问题。

如果条块宽度足够小，条底法向作用力和剪力的合力作用点可近似认为作用于条底的中点，这样未知量减少为 $5n-2$ 个，与方程数相比，还有 $n-2$ 个未知量无法求出。为此，需要对某些未知量作假定，使未知量的数目与方程的数目相等，使问题成为静定。这样，只要少量的岩土力学参数就能直接求出便于工程设计应用的滑坡稳定安全系数。因此，建立在极限平衡原理基础之上的条分法一直是滑坡稳定性分析计算的主要手段。

由于假设条件与应用的方程不同，条分法分为非严格条分法和严格条分法。在非严格条分法中，通常只满足一个平衡条件，而不管另一个平衡条件，在土条的平衡中只满足力的平衡，而不满足力矩平衡，在总体平衡中只满足力的平衡或力矩平衡。因此，非严格条分法的计算结果有时会有一定误差。非严格条分法通常是假定条间力的方向，由假定不同而形成各种方法，有瑞典法、简化 Bishop 法、简化 Janbu 法、陆军工程师团法、罗厄法、Sarmar（Ⅰ）法、不平衡推力法（传递系数法）等。严格条分法满足所有力的平衡条件，根据假定条件的不同，有 Morgenstern-Price 法、Spencer 法、Janbu法、Sarmar（Ⅱ）法、Sarmar（Ⅲ）法和 Correia 法等。以下仅介绍实际工程中广为应用的不平衡推力法。

不平衡推力法也叫传递系数法，是我国各行业在计算滑坡稳定时使用非常广泛的方法。它适用于任意形状的滑裂面，假定条间力与上一条块地面平行，并假定条间力的方向，根据力的平衡原理，逐个条块向下推求，直到最后一个条块的推力为零。

如图 2.5 所示的条块 i，根据垂直和平行条块底面方向力的平衡，可得：

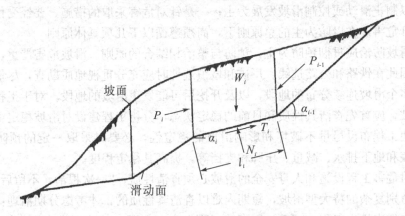

图 2.5　不平衡推力法计算简图

$$\overline{N_i} - W_i\cos\alpha_i - P_{i-1}\sin(\alpha_{i-1} - \alpha_i) = 0 \qquad (2-5)$$

$$\overline{T_i} + P_i - W_i\sin\alpha_i - P_{i-1}\cos(\alpha_{i-1} - \alpha_i) = 0 \qquad (2-6)$$

如果整个滑裂面上的平均安全系数为 F_s，根据安全系数的定义，条块底面剪力 $\overline{T_i}$ 方程为：

$$\overline{T_i} = \frac{c_i l_i + \overline{N_i}\tan\varphi_i}{F_s} \qquad (2-7)$$

将式（2-7）带入式（2-5）和式（2-6），并消去 $\overline{N_i}$，可得：

$$P_i = P_{i-1}\psi_i + W_i\sin\alpha_i - \frac{c_i l_i + W_i\cos\alpha_i\tan\varphi_i}{F_s} \qquad (2-8)$$

其中，ψ_i 称为传递系数。

$$\psi_i = \cos(\alpha_{i-1} - \alpha_i) - \frac{\tan\varphi_i}{F_s}\sin(\alpha_{i-1} - \alpha_i) \qquad (2-9)$$

采用不平衡推力法时，先假定一个初始的安全系数，然后从第一个条块开始逐个条块向下推求，直到求出最后一个条块的推力 P_n。P_n 必须为零，否则要重新假定安全系数，重新计算。由于条块之间不能承受拉力，所以任何土条的推力如果为负，则推力不再向下传递，而对下一土条取推力为零。

在进行抗滑工程设计时，将安全系数取为规范要求达到的安全系数，采用式（2—10）进行计算，得到滑坡沿底滑面的推力分布，作为抗滑工程设计的依据。

$$P_i = P_{i-1}\psi_i + F_s W_i \sin\alpha_i - (c_i l_i + W_i \cos\alpha_i \tan\varphi_i) \tag{2—10}$$

2.6 滑坡的防治原则和措施

2.6.1 滑坡防治的原则

经过多年的实践，人们总结出一套预防和治理滑坡的原则。滑坡整治总的原则是以预防为主，治理为辅，力求做到防患于未然。大体原则分两种情况：一是针对病因采取的措施，以制止滑动或控制滑坡发展为主；一是针对危害采取的措施，要经受住滑坡的作用或避开危害。在以防为主的总原则下，尚须遵循以下几项具体原则。

（1）滑坡防治应贯彻预防为主，预防与整治相结合的原则。滑坡危害严重，治理费用昂贵，因此在铁路和公路选线、厂矿和城镇选址时应充分重视地质勘查，尽量避开大型滑坡和多个滑坡连续分布的地段，以及开挖后可能发生滑坡的地段。对于工程设施避不开的滑坡，应首先查清其性质和目前的稳定状态，分析工程建设对滑坡稳定可能造成的影响，使工程布设尽量不破坏和影响滑坡的稳定性，必要时采取一定的预防加固措施，如地表和地下排水、减重、压脚和支挡等，提高其稳定程度。

（2）对危害工程设施和人身安全的滑坡必须查清性质，"一次根治，不留后患"。只有对性质特别复杂的特大型滑坡，短期内难以查清其性质的，才考虑分期治理：先做应急工程，如地表排水工程、减重、压脚等；再做永久工程，如地下排水和支挡工程等。应急和永久治理工程应有统一规划、互相衔接、互为补充，形成统一的整体。

（3）滑坡预防和治理是一项较复杂的系统工程，应对勘察、设计、施工、运营分阶段做出规划，提出要求，有机联系，分步实施。

（4）滑坡常常是在多种因素作用下发生的，而具体到每个滑坡又有其不同的主要作用和诱发因素。因此滑坡的治理需要对主要因素采取主要工程措施消除它或控制其影响，同时辅以其他措施进行综合治理，以限制其他因素的作用。有条件时，应优先选择地面排水、地下排水、减重、反压（压脚）等容易实施和见效快的工程措施。此外，滑坡治理还应同时考虑环境保护和绿化、美化，实现工程措施与生物措施的有机结合。

（5）滑坡的治理宜早不宜迟，宜小不宜大。滑坡的发生和发展是一个由小到大逐渐变化的过程，最好把滑坡阻止在蠕动挤压阶段，以减少滑坡危害，节约治理工程投资。在未查清滑坡性质之前，不宜在前缘盲目刷方。

（6）滑坡的防治工程应技术可行，经济合理，在达到防治效果的前提下尽量节约投资。要有科学的施工方法，防治滑坡的工程施工应安排在旱季，并应尽可能少扰动滑体的稳定，如先作地面排引水工程、支挡工程（施工应分段跳槽开挖）、加强支撑等。施工期应加强滑坡动态的监测，以免造成灾害，并做好地质资料的编录工作，动态设计，动态施工。

（7）防治滑坡的工程设施完工后应注意养护和维修，使其始终处于良好的工作状态，发挥应有的作用，防止其失效。如地表和地下排水沟的清理、疏通，裂缝的修补和夯填，滑坡动态和地下排水效果及支挡建筑物变形监测等。

2.6.2 治理滑坡的主要工程措施

目前，国内外在治理滑坡实践中积累了丰富的经验，总结出了一套治理滑坡的有效措施，概括为绕避滑坡、排水护坡、力学平衡和滑带土改良四类，见表 2.2。绕避滑坡在前面已经讨论过，清除滑体只在滑体很小，清除后对后部及两侧边坡稳定不会造成新的影响时才可使用，一般应用很少。滑带土改良方法理论上可行，但由于技术和经济原因，实践中很少应用。以下简要介绍主要工程措施的基本原理和方法。

表 2.2　滑坡防治措施分类

类型	绕避滑坡	排水护坡	力学平衡	滑带土改良
主要工程措施	1. 改移线路 2. 用隧道避开滑坡 3. 用桥跨越滑坡 4. 清除滑坡	1. 地表排水工程 （1）滑体外截水沟 （2）滑体内排水沟 （3）自然沟防渗 2. 地下排水工程 （1）截水盲沟 （2）盲（隧）洞 （3）仰斜钻孔群排水 （4）垂直孔群排水 （5）井群抽水 （6）虹吸排水 （7）支撑盲沟 （8）边坡渗沟 （9）洞－孔联合排水 3. 护坡护岸工程 （1）灰浆摸面 （2）浆砌块石 （3）植草护坡 （4）防波堤 （5）导流堤	1. 减重工程 2. 反压工程 3. 支挡工程 （1）抗滑挡墙 （2）挖孔抗滑桩 （3）钻孔抗滑桩 （4）锚索抗滑桩 （5）锚索 （6）支撑盲沟 （7）抗滑键 （8）排架桩 （9）刚架桩 （10）刚架锚索桩 （11）微型桩群	1. 滑带注浆 2. 滑带爆破 3. 旋喷桩 4. 石灰桩 5. 石灰砂桩 6. 焙烧

1. 排水工程

滑坡滑动多与地表水或地下水活动有关。因此在滑坡防治中往往要设法排除地表水和地下水，避免地表水渗入滑体，减少地表水对滑坡岩土体的冲蚀和地下水对滑体的浮托，提高滑带土的抗剪强度和滑坡的整体稳定性。

地表排水的目的是拦截滑坡范围以外的地表水使其不能流入滑体，同时还要设法使滑体范围内的地表水流出滑体范围，减小其对滑坡稳定的影响。地表排水工程一般采用截水沟和排水沟等。

排除地下水是指通过地下建筑物拦截、疏干地下水，降低地下水位，减小作用在滑带上的孔隙水压力，提高滑带土的抗剪强度，从而提高滑坡的稳定性。地下排水工程是治理滑坡的主体工程之一，特别是地下水发育的大型滑坡，地下排水工程应是优先考虑的措施。地下排水工程根据地下水的类型、埋藏条件和工程的施工条件，常用的措施有截水盲沟和盲洞、支撑盲沟、仰斜（水平）孔群排水、垂直钻孔群排水、井点排水、排水隧洞、虹吸排水等。

2. 护坡工程

护坡工程主要是指对滑坡坡面的加固处理，目的是防止地表水冲刷和渗入坡体。对于黄土和膨胀土滑坡，坡面加固防护较为有效。具体方法有混凝土方格骨架护坡和浆砌片石护坡。混凝土方格骨架护坡的方格内铺种草皮，不仅绿化，更可起到防冲刷作用。

3. 减重与反压工程

通过削方减载或填方加载方式来改变滑体的力学平衡条件，也可以达到治理滑坡的目的。但这种措施只有在滑坡的抗滑地段加载，主滑地段或牵引地段减重才有效果。

减重工程对推动式滑坡，在上部主滑地段减重，常起到根治滑坡的效果。对其他性质的滑坡，在主滑地段减重也能起到减小下滑力的作用，减重一般适用于滑坡床为上陡下缓、滑坡后壁及两侧有稳定的岩土体，不致因减重而引起滑坡向上和向两侧发展造成后患的情况。

反压工程即在滑坡的抗滑段和滑坡体外前缘堆填土石加重，如做成堤、坝等，能增大抗滑力而稳定滑坡。但必须注意只能在抗滑段加重反压，不能填于主滑地段。而且填方时，必须作好地下排水工程，不能因填土堵塞原有地下水出口，造成后患。

减重工程与反压工程可以结合起来使用。对于某些滑坡可根据设计计算后，确定需减小的下滑力大小，同时在其上部进行部分减重和在下部反压。减重和反压后，应验算滑面从残存的滑体薄弱部位及反压体底面剪出的可能性。

4. 抗滑支挡工程

抗滑支挡工程，包括抗滑挡土墙、抗滑桩、预应力锚索抗滑桩、预应力锚索格构或地梁等，由于它们能迅速恢复和增加滑坡的抗滑力，使滑坡得到稳定而被广泛应用，特别是对工程滑坡的预防和治理。

（1）抗滑挡土墙。挡土墙是指在两侧地面有一定高差地段设计的用于侧向支撑土体的构造物，抗滑挡土墙一般为重力式挡土墙，以其重量与地基的摩擦阻力抵抗滑坡推力。其材料可采用浆砌块石圬工、混凝土或片石混凝土。

重力挡墙适用于移民迁建区的居民区、工业和厂矿区以及航运、道路建设涉及的规模小、厚度薄的滑坡阻滑治理工程。抗滑挡土墙一般设置于滑体的前缘，充分利用滑坡抗滑段的抗滑力以减小挡墙的截面尺寸；如滑坡为多级滑动，当总推力太大，在坡脚一级支挡工作量太大时，可分级支挡。

（2）抗滑桩。抗滑桩是将桩插入滑动面（带）以下的稳定地层中，利用稳定地层岩土的锚固作用以平衡滑坡推力、稳定滑坡的一种结构物。其受力如图2.6所示。

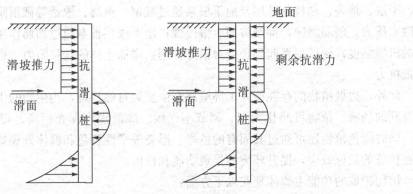

图 2.6 抗滑桩受力简图
(a) 悬臂桩；(b) 全埋式桩

抗滑桩一般应设置在滑坡前缘抗滑段滑体较薄处，以便充分利用抗滑段的抗滑力，减小作用在桩上的滑坡推力，以减小桩的截面和埋深，降低工程造价，并应垂直于滑坡的主滑方向成排布设。对大型滑坡，一排桩的抗滑力不足以平衡滑坡推力时，可布设两排或三排。只在少数情况下因治理滑坡的特殊需要才把桩布设在主滑段或牵引段。

抗滑桩是目前滑坡治理中被广为应用的一种工程措施，具有以下优点：①抗滑桩的抗滑能力强，在滑坡推力大、滑动带深的情况下，能够克服抗滑挡土墙难以克服的困难。②施工方便，对滑体稳定性扰动小。采用混凝土或少量钢筋混凝土护壁，安全、可靠。间隔开挖桩孔，不易恶化滑坡状态。③设桩位置灵活，可以设在滑坡体中最有利抗滑的部位，可以单独使用，也能与其他建筑物配合使用。④能即时增加抗滑力，保证滑坡的安全，利于整治在活动中的滑坡，利于抢修工程。⑤通过开挖桩孔，能够直接校核地质情况，进而可以检验和修改原来的设计，使之更切合实际。

（3）锚固工程。用于稳定滑坡的锚固工程一般由锚索（锚杆）和反力装置组成，将锚索（锚杆）的锚固段设置在滑动面或潜在滑动面以下，在地面通过反力装置（桩、格构、地梁或锚墩）将滑坡推力传入锚固段以稳定滑坡。

锚固工程具有结构简单、施工安全、对坡体扰动小、节省工程材料等特点，近年来得到了迅速发展和广泛应用。

2.6.3 植物护坡工程技术

在滑坡防治工程中，既要防治滑坡灾害，又要使治理后的滑坡部位的小环境与周围的生态大环境协调一致，消除灾害痕迹，还绿色于自然，恢复植被，保护生态环境，必要时还要具有较好的景观效果。为达到此目的，对滑坡应采取综合防治措施，即滑坡防治的工程措施应和生态防护有机结合。

1. 植物护坡的功能

植被护坡是利用植被涵水固土的原理稳定岩土边坡，同时美化生态环境的一种新技术，是融岩土工程、恢复生态学、植物学、土壤肥料学等多学科于一体的综合工程技术。植被护坡在增加边（滑）坡稳定、减少水土流失等方面有着很大的作用。植被冠层、干层、地表、枯枝落叶层及地下根系通过截留、蒸腾、渗透等截留降雨，降低坡体孔隙水压力，削弱溅蚀，抑制坡面土壤侵蚀；地下浅层根系通过加筋作用，增加根际土层的机械强度；深层根系起到预应力锚杆作用，增加土体的迁移阻力，提高土层对滑移的抵抗力。

此外，边坡植物的存在使人工环境逐渐恢复为自然环境，为生物的生存和繁衍提供了有利的场所。植物可净化大气、调节小气候、降低噪声和光污染、提高行车安全系数，同时绿色植物还可通过其固有的色彩、形态等个性特色和群体景观效应，改变传统工程护坡的灰色效应，提升环境的景观功能和价值。

植物护坡的功能主要体现在以下方面：

（1）深根的锚固作用。植物的垂直根系穿过坡体浅层的松散风化层，锚固到深处较稳定的岩土层中，起到预应力锚杆的作用。禾草、豆科植物和小灌木在地下 $0.75\sim1.5$ m 深处有明显的土壤加强作用，树木根系的锚固作用可影响到地下更深的岩土层。

（2）浅根的加筋作用。植草的根系在土中盘根错节，使边坡土体成为土与草根的复合材料。草根可视为带预应力的三维加筋材料，使土体强度提高。

（3）降低坡体孔隙水压力。边坡的失稳与坡体水压力的大小有密切关系，降雨是诱发滑坡的重要因素之一。植物通过吸收和蒸腾坡体内水分，降低土体的孔隙水压力，提高土体的抗剪强度，有利于边坡体的稳定。

（4）降雨截留，削弱溅蚀。一部分降雨在到达坡面之前就被植被茎叶截留并暂时贮存在其中，以后再重新蒸发到大气中或落到坡面。植被通过截留作用降低了到达坡面的有效雨量，从而减弱了雨水对坡面土体的侵蚀。

雨滴的溅蚀是雨滴对地面的击溅作用造成的，它是水蚀的一种重要形式。降雨时雨滴从高空落下，因雨滴具有一定的动能，裸露的表土在这种力量打击之下，土壤结构即遭破坏，发生分离、破裂、位移并溅起，造成水土流失。植被能够拦截高速落下的雨滴，通过地上茎叶的缓冲作用，消耗掉雨滴大量的动能，并且能使大雨滴分散为小雨滴，从而把雨滴的动能大大降低，减少土粒的飞溅。

（5）抑制地表径流，控制水土流失。地表径流带走已被滴溅分离的土粒，进一步可引起片蚀、沟蚀。地表径流集中是坡面土体冲蚀的主要动力，土体冲蚀的强弱取决于径流流速的大小、径流所具有的能量。草本植物能够有效地分散、减弱径流，而且还阻截径流改变径流形态，从而控制水土流失。

2. 植物护坡与工程护坡的对比

植物护坡与传统的工程护坡相比，虽然材料及其强度不同，但在功能方面仍有许多相似之处。表 2.3 是两者在主要功能方面的对比。

表 2.3　植物护坡与工程护坡主要功能的对比

功能	工程护坡	植被护坡
坡面保护	片石护坡、喷混凝土等	植被的完全覆盖
加筋	加筋土	草、小灌木根系

功能	工程护坡	植被护坡
锚固	锚杆	木本植物的根系
排水	坞工渠	垂直或倾斜的排水活枝捆垛

采用工程措施护坡，对减轻坡面修建初期的不稳定性和侵蚀方面效果很好，作用非常显著。然而随着时间的推移，混凝土面、浆砌片石面都会风化、老化，甚至造成破坏，后期整治费用高。边坡坡面采用工程防护措施后，由于缺乏植物生长的环境，被破坏了的植被很难迅速恢复，破坏了多样性自然生态的和谐。而采用植物护坡则与此相反，开始作用非常微弱，但随着植物的生长和繁殖，强度增加，对减轻坡面不稳定性和侵蚀方面的作用会越来越大。另外，植物护坡还有一个显著的优点，就是能够恢复生态环境，保持生态平衡。

植物护坡也有其局限性，如植被根系延伸使土体产生裂隙，增加了土体的渗透力；植物的深根锚固仍无法控制边坡更深层的滑动，若根延伸范围内无稳定的岩土层，则其作用便不明显，若遇大风雨则易连根拔起。另外，对高陡边坡，若不采取工程措施，生长基质也难于附于坡面，植物便无法生长。因此，植被护坡技术与工程措施结合，发挥各自的优点，可有效解决边坡工程防护与生态环境破坏的矛盾，既保证边坡的稳定，又实现坡面植被的快速恢复，达到人类活动与自然环境的和谐共处。

3. 植物护坡的方法

植物护坡应遵循生态学原理，选用固土护坡作用强的植物，以植草为主，灌草结合。草种选用应根据防护目的、气候、土质、施工季节等确定，采用易成活、生长快、根系发达、叶茎矮或有匍匐茎的多年生草种。

植物护坡的方法较多，常用的有铺草皮护坡、植生带护坡、液压喷播植被护坡、挂三维网植被护坡、挖沟植草护坡、土工格室植草护坡、浆砌片石骨架植草护坡等。对于高陡边坡，由于存在深层稳定问题，必须找出边坡可能失稳的原因，施加有效工程措施保证坡体稳定。一般在坡面现浇钢筋混凝土框格或者将预制好的钢筋混凝土构件铺设在坡面以形成框架，框架的节点处视情况可用锚杆或预应力锚索来固定，在框格内植草护坡。

第 3 章 崩 塌

3.1 崩塌的类型与形成条件

3.1.1 崩塌的定义与特点

崩塌的过程表现为岩土体顺坡猛烈地翻滚、跳跃，并相互撞击，最后堆积于坡脚，形成倒石堆。崩塌的主要特征为：下落速度快，发生突然；崩塌体脱离母体而运动；下落过程中崩塌体自身的整体性遭到破坏；崩塌物的垂直位移大于水平位移。具有崩塌前兆的不稳定岩土体称为危岩体。

崩塌运动的形式主要有两种：一种是脱离母岩的岩块或土体以自由落体的方式而坠落，另一种是脱离母岩的岩体顺坡滚动而崩落。前者规模一般较小，从不足 1 m³ 至数百 m³；后者规模较大，一般在数百 m³ 以上。

3.1.2 崩塌的形成条件

崩塌是在特定自然条件下形成的。地形地貌、地层岩性和地质构造是崩塌的物质基础，降雨、地下水作用、振动力、风化作用以及人类活动对崩塌的形成和发展起着重要的作用。

1. 地形地貌

地形地貌主要表现在斜坡坡度上。从区域地貌条件看，崩塌形成于山地、高原地区；从局部地形看，崩塌多发生在高陡斜坡处，如峡谷陡坡、冲沟岸坡、深切河谷的凹岸等地带。崩塌的形成要有适宜的斜坡坡度、高度和形态，以及有利于岩土体崩落的临空面。这些地形地貌条件对崩塌的形成具有最为直接的作用。崩塌多发生在坡度大于55°、高度大于 30 m、坡面凹凸不平的陡峻斜坡上。

2. 地层岩性

崩塌多发生在厚层坚硬岩层中。石灰岩、砂岩、石英岩等厚层硬脆性岩石易形成高陡斜坡，其前缘由于卸荷裂隙的发育，形成陡而深的张裂缝，并与其他结构面组合，逐渐发展贯通，在触发因素作用下发生崩塌（图 3.1）。由缓倾角软硬相间岩层组合而成的陡坡，软弱岩层易风化剥蚀而内凹，坚硬岩层抗风化能力强而凸出，失去支撑的部分常发生崩塌（图 3.2）。

某些土质斜坡，如高陡且垂直裂隙发育的黄土斜坡，也常常发生崩塌。

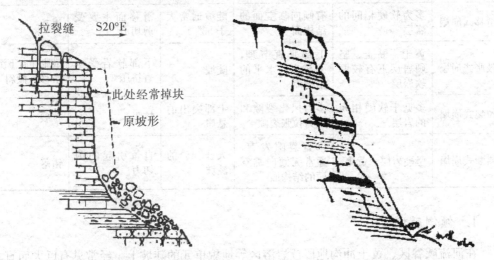

图 3.1　坚硬岩层高陡斜坡卸荷裂隙导致崩塌　　　图 3.2　软硬岩层互层陡坡崩塌

3. 构造条件

构造与非构造成因的岩石裂隙与崩塌的形成关系密切。要形成崩塌，岩体中须发育两组或两组以上陡倾裂隙，与坡面平行的一组演化为张裂隙。裂隙的切割密度对崩塌块体的大小起控制作用。坡体岩石被稀疏但贯通性较好的裂隙切割时，常能形成较大规模的崩塌，具有更大的危险性；岩石裂隙密集而极度破碎时，仅能形成小岩块，在坡脚形成倒石堆。

4. 气候条件

气候对崩塌的形成也起到一定的促进作用。干旱、半干旱地区，由于物理风化强烈，导致岩石机械破碎而发生崩塌。季节性冻结区，由于斜坡岩石中裂隙水的冻胀作用，亦可导致崩塌的发生。

在上述条件制约下，若短时有裂隙水静水压力、地震或人工爆破等触发因素的作用，会突然发生崩塌。尤其是强烈的地震，可引发大规模崩塌。

3.1.3　崩塌的形成机理与类型

崩塌是岩体长期蠕变和不稳定因素不断积累的结果。崩塌体的大小、物质组成、结构构造、活动方式、运动途径、堆积情况、破坏能量等虽然千差万别，但崩塌的产生都是按照一定的模式孕育与发展的。按崩塌形成的力学机制可分为倾倒崩塌、滑移崩塌、鼓胀崩塌、拉裂崩塌和错断崩塌五种，见表 3.1。

表 3.1　崩塌的类型及主要特征

类型	岩性	结构面	地貌	受力状态	起始运动形式
倾倒式崩塌	黄土、直立岩层	多为垂直节理、直立层面	峡谷、直立岸坡、悬崖	主要受倾覆力矩作用	倾倒
滑移式崩塌	多为软硬相间的岩层	有倾向临空面的结构面	陡坡通常大于 55°	滑移面主要受剪切力	滑移
鼓胀式崩塌	黄土、黏土、坚硬岩层下有较厚软岩层	上部垂直节理，下部为近水平的结构面	陡坡	下部软岩受垂直挤压	鼓胀伴有下沉、滑移、倾斜
拉裂式崩塌	多见于软硬相间的岩层	多为风化裂隙和重力拉张裂隙	上部突出的悬崖	拉张	拉裂
错断式崩塌	坚硬岩层、黄土	垂直裂隙发育，通常无倾向临空面的结构面	大于 45° 的陡坡	自重引起的剪切力	错落

1. 倾倒崩塌

在河流峡谷区、黄土冲沟地段或岩溶区等地貌单元的陡坡上，经常见有巨大而直立的岩体以垂直节理或裂隙与稳定的母岩分开（图 3.3）。这种岩体在断面图上呈长柱形，横向稳定性差。如果坡脚遭受不断地冲刷掏蚀，在重力作用下或有较大水平力作用时，岩体因重心外移倾倒产生突然崩塌。这类崩塌的特点是崩塌体失稳时，以坡脚的某一点为支点发生转动性倾倒。

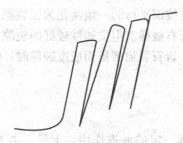

图 3.3　倾倒崩塌

2. 滑移崩塌

临近斜坡的岩体内存在软弱结构面时，若其倾向与坡向相同，则软弱结构面上覆的不稳定岩体在重力作用下具有向临空面滑移的趋势（图 3.4）。一旦不稳定岩体的重心滑出陡坡，就会产生突然的崩塌。除重力外，降水渗入岩体裂缝中产生的静、动水压力以及地下水对软弱面的润湿作用都是岩体发生滑移崩塌的主要诱因。在某些条件下，地震也可引起滑移崩塌。

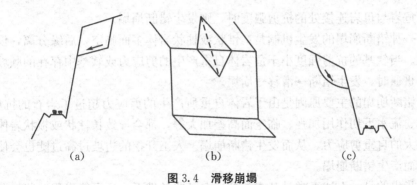

图 3.4　滑移崩塌

3. 鼓胀崩塌

若陡坡上不稳定岩体之下存在较厚的软弱岩层或不稳定岩体本身就是松软岩层，深大的垂直节理把不稳定岩体和稳定岩体分开，当连续降雨或地下水使下部较厚的松软岩层软化时，上部岩体重力产生的压应力超过软岩天然状态的抗压强度后软岩即被挤出，发生向外鼓胀。随着鼓胀的不断发展，不稳定岩体不断下沉和外移，同时发生倾斜，一旦重心移出坡外即产生崩塌（图 3.5）。

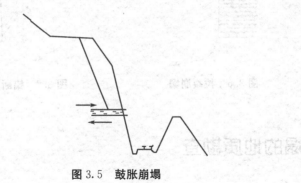

图 3.5　鼓胀崩塌

4. 拉裂崩塌

当陡坡由软硬相间的岩层组成时，由于风化作用或河流的冲刷掏蚀作用，上部坚硬岩层在断面上常常突悬出来。在突出的岩体上，通常发育有构造节理或风化节理。在长期重力作用下，节理逐渐扩展。一旦拉应力超过连接处岩石的抗拉强度，拉张裂缝就会迅速向下发展，最终导致突出的岩体突然崩落（图 3.6）。除重力的长期作用外，震动力、风化作用（特别是寒冷地区的冰劈作用）等都会促进拉裂崩塌的发生。

5. 错断崩塌

陡坡上长柱状或板状的不稳定岩体，当无倾向坡外的不连续面或较厚的软弱岩层时，一般不会发生滑移崩塌或鼓胀崩塌。但是，当有强烈震动或较大的水平力作用时，可能发生如前所述的倾倒崩塌。此外，在某些因素作用下，可能使长柱或板状不稳定岩体的下部被剪断，从而发生错断崩塌（图 3.7）。悬于坡缘的帽檐状危岩，仅靠后缘上部尚未剪断的岩体强度维持暂时的稳定平衡。随着后缘剪切面的扩展，剪切应力逐渐接近并大于危岩与母岩连接处的抗剪强度时，则发生错断崩塌。

另外一种错断崩塌的发生机制是：锥状或柱状岩体多面临空，后缘分离，仅靠下伏软基支撑。当软基的抗剪强度小于危岩体自重产生的剪应力或软基中存在的顺坡外倾裂隙与坡面贯通时，发生错断→滑移→崩塌。

产生错断崩塌的主要原因是由于岩体自重所产生的剪应力超过了岩石的抗剪强度。地壳上升、流水下切作用加强、临空面高差加大等，都会导致长柱状或板状岩体在坡脚处产生较大的自重剪应力，从而发生错断崩塌。人工开挖的边坡过高过陡也会使下部岩体被剪断而产生错断崩塌。

需要指出的是，上述五类是基本类型。在某些条件下，还可能出现一些过渡类型如鼓胀-滑移式崩塌，鼓胀-倾倒式崩塌等中间过渡类型。

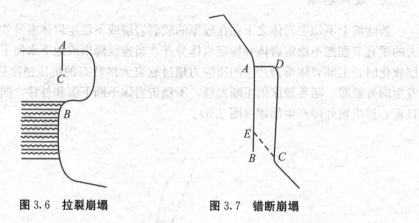

图 3.6　拉裂崩塌　　　　　　图 3.7　错断崩塌

3.2　崩塌的地质勘查

崩塌的勘察主要采用地质调查测绘。除调查崩塌区内自然地理（气象、水文、植被特征等）、地质环境（地貌类型、地质结构、新构造运动、水文地质条件等）、人类工程活动等外，重点要调查崩塌灾害体的形成、致灾及防治要素等内容，包括崩塌的形成条件及其规模、类型、范围，崩塌区的崩塌历史、崩塌类型、规模、范围及崩塌体的尺寸和崩落方向等。

崩塌的地质调查测绘包括危岩体调查和已有崩塌堆积体调查。

对于危岩体的调查，主要包括下列内容。

（1）危岩体位置、形态、分布高程、规模。

（2）危岩体及周边的地质构造、地层岩性、地形地貌、岩（土）体结构类型、斜坡结构类型。岩土体结构应初步查明软弱（夹）层、断层、褶曲、裂隙、裂缝、临空面、侧边界、底界（崩滑带）以及它们对危岩体的控制和影响。

（3）危岩体及周边的水文地质条件和地下水赋存特征。

（4）危岩体周边及底界以下地质体的工程地质特征。

（5）危岩体变形发育史。历史上危岩体形成的时间，危岩体发生崩塌的次数、发生时间，崩塌前兆特征、崩塌方向、崩塌运动距离、堆积场所、崩塌规模、引发因素，变形发育史、崩塌发育史、灾情等。

（6）危岩体成因的动力因素包括降雨、河流冲刷、地面及地下开挖、采掘等因素的强度、周期以及它们对危岩体变形破坏的作用和影响。在高陡临空地形条件下，由崖下硐掘型采矿引起山体开裂形成的危岩体，应详细调查采空区的面积、采高、分布范围、顶底板岩性结构，开采时间、开采工艺、矿柱和保留条带的分布，地压现象（底鼓、冒顶、片帮、鼓帮、开裂、压碎、支架位移破坏等）、地压显示与变形时间，地压监测数据和地压控制与管理办法，研究采矿对危岩体形成与发展的作用和影响。

（7）分析危岩体崩塌的可能性，初步划定危岩体崩塌可能造成的灾害范围。

（8）危岩体崩塌后可能的运移斜坡，在不同崩塌体积条件下崩塌运动的最大距离。在峡谷区，要重视气垫浮托效应和折射回弹效应的可能性及由此造成的特殊运动特征与危害。

（9）危岩体崩塌可能到达并堆积的场地的形态、坡度、分布、高程、地层岩性与产状及该场地的最大堆积容量；在不同体积条件下，崩塌块石越过该堆积场地向下运移的可能性；最终堆积场地。

（10）崩塌已经造成的损失，崩塌进一步发展的影响范围及潜在损失。

对已有崩塌堆积体调查应主要包括下列内容。

（1）崩塌源的位置、高程、规模、地层岩性、岩（土）体工程地质特征及崩塌产生的时间。

（2）崩塌体运移斜坡的形态、地形坡度、粗糙度、岩性、起伏差，崩塌方式，崩塌块体的运动路线和运动距离。

（3）崩塌堆积体的分布范围、高程、形态、规模、物质组成、分选情况、植被生长情况、块度、结构、架空情况和密实度。

（4）崩塌堆积床形态、坡度、岩性和物质组成、地层产状。

（5）崩塌堆积体内地下水的分布和运移条件。

（6）评价崩塌堆积体自身的稳定性和在上方崩塌体冲击荷载作用下的稳定性，分析在暴雨等条件下向泥石流、崩塌转化的条件和可能性。

3.3 崩塌的稳定性评价

本节崩塌的稳定性评价指针对危岩体的稳定性评价。对于已有的崩塌堆积体，其稳定性可参照滑坡的稳定性评价方法。

崩塌稳定性评价的方法有地质分析、力学分析、概率分析、模型试验以及利用动态监测资料分析判断等。由于地质结构是崩塌灾害的主控因素，因此，地质分析是崩塌稳定性评价的基本方法。

3.3.1 地质历史分析法

根据调查获得的资料，运用工程地质学等多学科知识对崩塌体进行稳定性分析。方法有变形历史分析法、工程地质类比法、岩体稳定的结构性分析方法等，包含理论分析和类比分析。

1. 岩体稳定的结构分析

分析主要结构面之间、结构面与临空面之间的组合关系，确定可能失稳的结构体的形态、规模和空间分布，判定不稳定块体可能移动的方向和破坏方式。主要采用图解分析，包括摩擦圆法、赤平投影法、节理统计极点图和等密度图、平面投影法和实体比例投影法等。

2. 工程地质类比法

根据相似性原理将已经发生过的崩塌体特征、成灾条件、成灾动力、成灾类型和成灾机制与被调查对象进行类比分析，评价其稳定性。

相似性具体包括：崩塌体岩性、主控结构面、岩土体结构、斜坡结构等相似性，崩塌体赋存条件相似性，孕灾因素、动力因素相似性，发育阶段相似性。

3. 地质综合分析评价

在以上分析的基础上，对崩塌体的形态特征、地质结构、成灾条件、成灾动力、变形破坏形式与特征、失稳条件和机制等进行全面系统的分析，评价崩塌体现阶段的稳定性，预测其发展趋势。

3.3.2 力学分析法

在分析崩塌体及落石受力条件的基础上，用块体平衡理论计算其稳定性。计算时应考虑当地地震力、风力、爆破力、地表水和地下水冲刷力以及冰冻力等的影响。

块体平衡理论的基本假定是：①在崩塌发展过程中，特别是在突然崩塌运动以前，把崩塌体视为整体；②把崩塌体复杂的空间运动问题简化成平面问题，即取单位宽度的崩塌体进行验算；③崩塌体两侧与稳定岩体之间，以及各部分崩塌体之间均无摩擦作用。

各类崩塌体的稳定性验算方法介绍如下。

1. 倾倒崩塌

倾倒式崩塌的断面如图 3.8 所示，从图 3.8（a）可以看出，不稳定岩体的上下各部分和稳定岩体之间均有裂隙分开，一旦发生倾倒，将以 A 点为转点发生转动。计算时应考虑各种附加力的最不利组合。在雨季张开的裂隙可能为暴雨充满，应考虑静水压力；Ⅷ度以上地震区，应考虑水平地震力作用。图 3.8（b）为倾倒式崩塌的受力简图。

如不考虑其他力，则崩塌体的抗倾覆稳定系数 K 可按下式计算。

$$K = \frac{W \times a}{f \times \frac{h_0}{3} + F \times \frac{h}{2}} = \frac{W \times a}{\frac{\gamma_w h_0^2}{2} \times \frac{h_0}{3} + F \times \frac{h}{2}} = \frac{6aW}{\gamma_w h_0^3 + 3Fh} \qquad (3-1)$$

式中：

W——崩塌体的重量（kN）；

a——转点 A 至重力延长线的垂直距离（m）；

h——崩塌体高度（m）；

h_0——后缘裂隙中水体高度（m）；

γ_w——水的重度（kN/m³）；

f——后缘裂隙中静水压力（kN）；

F——地震力（kN）。

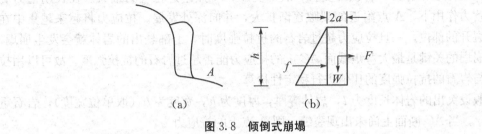

图 3.8　倾倒式崩塌

2. 滑移式崩塌

滑移式崩塌有平面、弧形面、楔形双滑面滑动三种。这类崩塌的关键在于起始的滑移是否形成。因此，可按抗滑稳定性计算方法进行验算。

3. 鼓胀式崩塌

这类崩塌体下有较厚的软弱岩层，常为断层破碎带、风化破碎岩体及黄土等。在水的作用下，这些软弱岩层先行软化。当上部岩体传来的压应力大于软弱岩层的无侧限抗压强度时，则软弱岩层被挤出，即发生鼓胀。上部岩体可能产生下沉、滑移或倾倒，直至发生突然崩塌，如图 3.9 所示。因此，鼓胀是这类崩塌的关键。所以稳定系数可以用下部软弱岩层的无侧限抗压强度（雨季用饱水抗压强度）与上部岩体在软岩顶面产生的压应力的比值来计算：

$$K = \frac{R_无}{\dfrac{W}{A}} = \frac{AR_无}{W} \qquad (3-2)$$

式中：

W——崩塌体的重量（kN）；

A——崩塌体的底面积（m²）；

$R_无$——下部软弱岩层的无侧限抗压强度（kPa）。

图 3.9 鼓胀式崩塌

4. 拉裂式崩塌

拉裂式崩塌的典型情况如图 3.10 所示。以悬臂梁形式突出的岩体，在 AC 面上承受最大的弯矩和剪力，若顶部受拉，底部受压，A 点附近拉应力最大。在长期重力和风化营力作用下，A 点附近的裂隙逐渐扩大，并向深处发展。拉应力将越来越集中在尚未裂开的部位，一旦拉应力超过岩石的抗拉强度时，上部悬出的岩体就会发生崩塌。这类崩塌的关键是最大弯矩截面 AC 上的拉应力能否超过岩石的抗拉强度。故可以用拉应力与岩石的抗拉强度的比值进行稳定性检算。

假设突出的岩体长度为 l，岩体等厚，厚度为 h，宽度为 b（取单位宽度），岩石重度为 γ。当 AC 断面上尚未出现裂缝，则 A 点上的拉应力为：

$$\sigma_{A拉} = \frac{M \times \frac{h}{2}}{I} = \frac{\frac{l^2}{2}\gamma bh \times \frac{h}{2}}{\frac{bh^3}{12}} = \frac{3\gamma l^2}{h} \qquad (3-3)$$

式中：

M——AC 面上的弯矩（kN·m）；

I——AC 面上的惯性矩（m⁴）；

γ——岩体的重度（kN/m³）。

稳定系数 K 值可用岩体的允许抗拉强度与 A 点所受的拉应力比值求得：

$$K = \frac{[\sigma_{拉}]}{\sigma_{A拉}} = \frac{h[\sigma_{拉}]}{3\gamma l^2} \qquad (3-4)$$

如果 A 点处已有裂缝，裂缝深度为 a，裂缝最低点为 B，则 B 点所受的拉应力为：

$$\sigma_{B拉} = \frac{M \times \frac{h-a}{2}}{I} = \frac{\frac{l^2}{2}\gamma bh \times \frac{h-a}{2}}{\frac{b(h-a)^3}{12}} = \frac{3\gamma h l^2}{(h-a)^2} \qquad (3-5)$$

稳定系数 K 值用岩体的允许抗拉强度与 B 点所受的拉应力比值求得：

$$K = \frac{[\sigma_{拉}]}{\sigma_{B拉}} = \frac{(h-a)^2[\sigma_{拉}]}{3\gamma h l^2} \qquad (3-6)$$

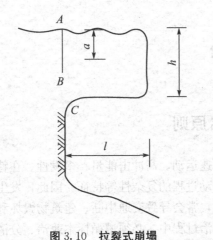

图 3.10　拉裂式崩塌

5. 错断式崩塌

图 3.11 所示为错断式崩塌的一种情况，取可能崩塌的岩体 $ABCD$ 来分析。如不考虑水压力、地震力等附加力，在岩体自重 W 作用下，与铅直方向成 $45°$ 角的 EC 方向上将产生最大剪应力。如 CD 高为 h，AD 宽为 a，岩体重度为 γ，则岩体 $AECD$ 质量 W $= a\left(h - \dfrac{a}{2}\right)\gamma$，在岩体横截面 FOG 上的法向应力为 $\left(h - \dfrac{a}{2}\right)\gamma$，在 EC 面上的最大剪应力 τ_{max} 为 $\dfrac{1}{2}\left(h - \dfrac{a}{2}\right)\gamma$。所以，稳定系数 K 值可用岩体的允许抗剪强度与 τ_{max} 的比值来计算：

$$K = \frac{[\tau]}{\tau_{max}} = \frac{4[\tau]}{\gamma(2h - a)} \tag{3-7}$$

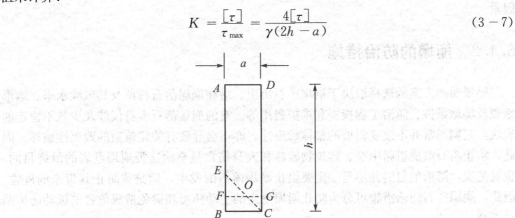

图 3.11　错断式崩塌

3.4 崩塌的防治

3.4.1 崩塌的防治原则

崩塌落石灾害具有高速运动、高冲击能量、多发性、在特定区域发生时间和地点的随机性、难以预测性和运动过程的复杂性等特征。因此，发生在道路沿线、工业或民用建筑设施附近的崩塌落石，常会导致交通中断、建筑物毁坏和人身伤亡等事故。

对于崩塌而言，在整治过程中，必须遵循标本兼治、分清主次综合治理、生物措施与工程措施相结合、治理危岩与保护自然生态环境相结合的原则。通过治理，最大限度降低危岩失稳的诱发因素，达到治标又治本的目的。

许多崩塌区都是山清水秀的自然风景区，是游人观赏自然景观的理想场所。危岩本身既是崩塌灾害的祸根，也是一种景观资源。因此，危岩崩塌整治工程必须兼顾艺术性与实用性，把治岩、治坡、治水与开发旅游资源结合起来，达到除害兴利的目的。同时，治理危岩、防止崩塌应采取一次根治不留后患的工程措施；对开辟为观光游览区的危岩地带，采取生物措施治理时应慎重选择植物种类，宜种草不宜植树，防止根系发达的树种对危岩的稳定性产生副作用。

此外，应加强减灾防灾科普知识的宣传，严格进行科学管理；合理开发利用坡顶平台区的土地资源，防止因城镇建设和农业生产而加快危岩的形成，杜绝发生崩塌的诱发因素。

3.4.2 崩塌的防治措施

崩塌防治方案的选择取决于崩塌落石历史、潜在崩塌落石特征及其风险水平、地形地貌及场地条件、防治工程投资和维护费用等。有的崩塌落石本身仅涉及少数不稳定的岩块，它们通常并不改变斜坡的整体稳定性，亦不会导致有关建筑物的毁灭性破坏。因此，防止落石造成道路中断、建筑物破坏和人身伤亡是整治这类崩塌危岩的最终目的。也就是说，防治的目的并不是一定要阻止崩塌落石的发生，而是要防止其带来的危害。因此，崩塌落石防治措施可分为防止崩塌发生的主动防治和避免造成危害的被动防护两种类型。

1. 崩塌的主动防治措施

(1) 锚固技术。锚固技术是指采用普通（预应力）锚杆、锚索、锚钉进行危岩治理的技术类型，是危岩治理的一种常用方法（图 3.12）。板状、柱状和倒锥状危岩体极易发生崩塌错落，可利用预应力锚杆或锚索对其进行加固处理，防止崩塌的发生。锚固措施可使临空面附近的岩体裂缝宽度减小，提高岩体的完整性。

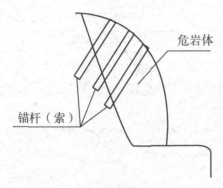

图 3.12　危岩锚固技术

（2）支撑技术。对于危岩体下部具有一定范围向坡内凹陷的岩腔、岩腔底部为承载力较高且稳定性好的中风化基岩、危岩体重心位于岩腔中心线内侧时，宜采用支撑技术进行危岩治理（图 3.13）。支撑技术主要适用于拉裂式危岩，部分滑移式危岩需要使用支撑技术时应将支撑体底部削成内倾斜坡或台阶。

支撑体可采用浆砌条石或片石、现浇混凝土或条石混凝土，结构形式可分为实体墙撑、柱撑、墩撑、拱撑或其组合形式。支撑设计时，应进行支撑体地基的承载力及稳定性验算并将地基清理成内倾平台或台阶，与支撑体接触的危岩体应凿平，支撑体顶部距离危岩体底部 10~20 cm 的范围应采用膨胀混凝土，确保支撑体与危岩体之间的有效接触并受荷。

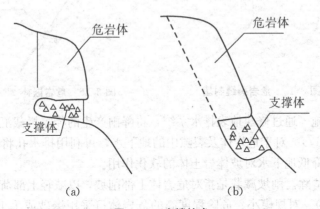

图 3.13　支撑技术
（a）坠落式危岩支撑；（b）滑塌式危岩支撑

（3）灌浆加固。危岩体中破裂面较多、岩体比较破碎时，为了增强危岩体的整体性，可进行有压灌浆处理（图 3.14）。应在危岩体中、上部钻设灌浆孔。灌浆孔宜陡倾，并在裂缝前后一定宽度内按照梅花桩型布设。灌浆孔应尽可能穿越较多的岩体裂隙面尤其是主控裂隙面。灌浆材料应具有一定的流动性，锚固力要强。通过灌浆处理的危岩体不仅整体性得到提高，而且也使主控裂隙面的力学强度参数得以提高、裂隙水压力减小。灌浆技术宜与其他技术共同使用，在施工顺序上，一般先进行锚固，再逐段灌浆加固。

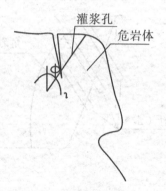

图 3.14 危岩裂缝灌浆

（4）封填及嵌补。当危岩体顶部存在大量较显著的裂缝或危岩体底部出现比较明显的凹腔等缺陷时，宜采用封填技术进行防治。顶部裂缝封填封闭的目的在于减少地表水下渗进入危岩体（图3.15）。底部凹腔嵌补的目的在于显著地减慢危岩体基座岩土体的快速风化（图3.16）。封填材料可以用低标号高抗渗性的砂浆、黏土或细石混凝土。

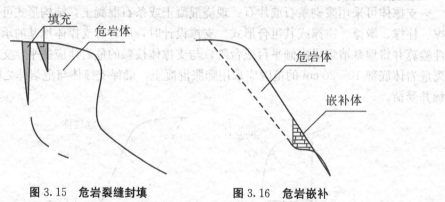

图 3.15 危岩裂缝封填   图 3.16 危岩嵌补

（5）排水措施。通过修建地表排水系统，将降雨产生的径流拦截汇集，利用排水沟排出坡外（图3.17）。对于危岩体及裂隙中的地下水，可利用排水孔将其排出，从而减小孔隙水压力、降低地下水对坡体岩土体的软化作用。

（6）削坡与清除。削坡减载是指对危岩体上部削坡，以减轻上部荷载，增加危岩体的稳定（图3.18）。对规模小、危险程度高的危岩体可采用爆破或手工方法进行清除，彻底消除崩塌隐患，防止造成危害。危岩清除过程中应加强施工监测，避免暴露出的清除面引发不稳定危岩体。并在危岩实施清除处理前充分论证清除后对母岩的损伤程度。一般情况下应谨慎使用清除技术。

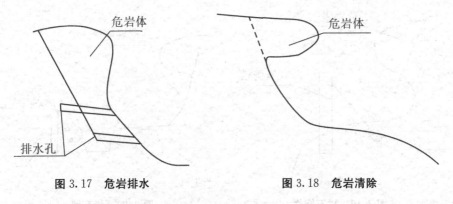

图 3.17 危岩排水   图 3.18 危岩清除

（7）软基加固。保护和加固软基是崩塌防治工作中十分重要的一环。对于陡崖、悬崖和危岩下裸露的泥岩基座，在一定范围内喷浆护壁可防止进一步风化，同时增加软基的强度。若软基已形成风化，应根据其深浅采用嵌补或支撑方式进行加固。

（8）SNS 主动防护系统。SNS 系统（Safety Netting System）是利用钢绳网作为主要构成部分来防护崩塌落石危害的柔性安全网防护系统，与传统刚性结构的防治方法的主要差别在于该系统本身具有的柔性和高强度，更能适应于抗击集中荷载和（或）高冲击荷载。当崩塌落石能量高且坡度较陡时，SNS 钢绳网系统不失为一种十分理想的防护方法。该系统包括主动系统和被动系统两大类型。

SNS 主动防护系统通过锚杆和支撑绳固定方式将钢绳网覆盖在有潜在崩塌落石危害的坡面上，通过阻止崩塌落石发生或限制崩落岩石的滚动范围来实现防止崩塌危害的目的。后者为一种栅栏式拦石网，它采用钢绳网覆盖在潜在崩岩的边坡面上，使崩岩沿坡面滚下或滑下而不致剧烈弹跳到坡脚之外，它对崩塌落石发生频率高、地域集中的高陡边坡的防治既有效且经济。

2. 崩塌的被动防治措施

（1）线路绕避。对可能发生大规模崩塌的地段，即使是采用坚固的建筑物，也经受不了大型崩塌的破坏，因此铁路或公路必须设法绕避。根据当地的具体情况，或绕到河谷对岸、远离崩塌体，或移至稳定山体内以隧道通过。

（2）修筑拦挡建筑物。对中、小型崩塌可修筑遮挡建筑物或拦截建筑物。拦截建筑物有落石平台、堤或拦石墙等，遮挡建筑物形式有明洞、棚洞等（图 3.19 及图 3.20）。

在危岩带下的斜坡上，大致沿等高线修建拦石堤兼挡土墙，即可拦截上方危岩掉落石块，又可保护堆积层斜坡的相对稳定状态，对危岩下部也可起到反压保护作用。

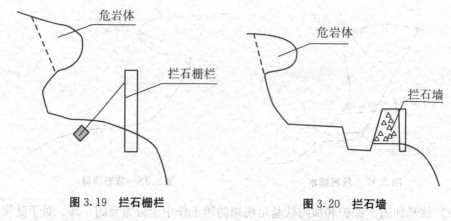

图 3.19 拦石栅栏   图 3.20 拦石墙

（3）SNS 被动防护系统。SNS 被动防护系统是一种能拦截崩落的岩块、以具有足够高的强度和柔性的钢绳网为主体的金属柔性栅栏式被动拦石网。整个系统由钢绳网、减压环、支撑绳、钢柱和拉锚 5 个主要部分构成。与传统的拦截式刚性建筑物的主要差别在于系统的柔性和强度足以吸收和分散落石能量并使系统受到的损伤最小。该系统既可有效防止崩塌灾害，又可以最大限度地维持原始地貌和植被，保护自然生态环境。

（4）森林防护。当陡崖或山坡脚部不存在平台或危岩威胁不太严重时，可以通过植树造林防治危岩（图 3.21）。森林防护危岩的根本出发点在于增大地表下垫面的粗糙度，减缓落石体在林中的运动速度；森林类型应为乔木，尽可能构建乔、灌、草相结合的生态系统。乔木成林后可用建筑纽扣将钢绳固定在树木主干上，将森林防护系统构成整体，提高防护有效性。

此外，危岩治理还可采用主动与被动相结合的措施进行防护（图 3.22）。

图 3.21 森林防护   图 3.22 锚固－拦挡联合技术

第4章　泥石流

4.1　泥石流的形成条件与类型

4.1.1　泥石流的一般特征

泥石流是山区特有的一种自然地质现象。它是由于降水（暴雨、融雪、冰川）而形成的一种夹带大量泥沙、石块等固体物质的特殊洪流。它暴发突然，历时短暂，来势凶猛，具有强大的破坏力。

泥石流具有如下三个基本性质，并以此与挟沙水流和滑坡相区分。

（1）泥石流具有土体的结构性，即具有一定的抗剪强度，而挟沙水流的抗剪强度等于或接近于零。

（2）泥石流具有水体的流动性，即泥石流与沟床面之间没有截然的破裂面，只有泥浆润滑面，从润滑面向上有一层流速逐渐增加的梯度层；而滑坡体与滑床之间有一破裂面，流速梯度等于零或趋近于零。

（3）泥石流一般发生在山地沟谷区，具有较大的流动坡降。

典型的泥石流流域，从上游到下游一般可分为三个区，即泥石流的形成区、流通区和堆积区。

4.1.2　泥石流的形成条件

我国是一个多山的国家，山地面积广阔，又多处于季风气候区，加之新构造运动强烈、断裂构造发育、地形复杂，从而使我国成为世界上泥石流最发育、分布最广、数量最多、危害最重的国家之一。

泥石流的形成条件概括起来主要表现为：地表大量的松散固体物质，充足的水源条件和陡峻的便于集水、集物的地形地貌条件。

1. 物源条件

泥石流形成的物源条件系指物源区松散物质的分布、类型、结构、性状、数量和补给的方式、距离、速度等。而松散物质的来源又决定于地质构造、地层岩性、风化作用和气候条件等因素。

从地质构造来看，地质构造类型复杂、断裂褶皱发育、新构造运动强烈、地震烈度较高的地区，一般便于泥石流的形成。这类地区往往表层岩土破碎，滑坡、崩塌、错落等不良地质作用发育，为泥石流的形成提供了丰富的固体物质来源。

从岩性条件来看，结构疏松软弱、易于风化、节理发育的岩层，或软硬相间成层的岩层，易遭受破坏，形成丰富的碎屑物质来源。第四系各种成因的松散堆积物最容易受到侵蚀、冲刷，因而山坡上的残坡积物、沟床内的冲洪积物以及崩塌、滑坡所形成的堆积物等都是泥石流固体物质的主要来源。厚层的冰碛物和冰水堆积物则是我国冰川型、融雪型泥石流的固体物质来源。

2. 水源条件

水不仅是泥石流的组成部分，也是松散固体物质的搬运介质。泥石流的形成与下列短时间内突然性的大量流水密切相关：强度较大的暴雨，冰川、积雪的强烈消融或冰川湖、高山湖、水库等的突然溃决。我国泥石流的水源主要由暴雨形成，由于降雨过程及降雨量的差异，形成明显的区域性或地带性差异。如北方雨量小，泥石流暴发数量也少；南方雨量大，泥石流较为发育。

3. 地形地貌条件

地形地貌对泥石流的发生、发展主要有两方面的作用：①通过沟床地势条件为泥石流提供位能，赋予泥石流一定的侵蚀、搬运和堆积的能量。②在坡地或沟槽的一定演变阶段内，提供足够数量的水体和松散物质。沟谷的流域面积、河床平均比降、流域内山坡平均坡度以及植被覆盖情况等都对泥石流的形成和发展起着重要的作用。

具体而言，泥石流上游形成区的地形多为三面环山、一面出口的瓢状或漏斗状，地形比较开阔，周围山高坡陡，地形便于水和碎屑物质的集中。中游流通区的地形多为狭窄陡深的峡谷，沟床纵坡坡度大，使泥石流得以迅猛直泻。下游堆积区的地形多为开阔、平坦的山前平原或河谷阶地，便于碎屑物质的堆积。

泥石流的形成不仅有自然因素，而且也有人为因素。人类不合理的经济活动，如森林集中过伐，毁林开荒，陡坡垦殖，修路开山炸石，矿山开采乱弃废渣，水利工程建设，等等，往往由于措施不当和开发过度，造成山坡水土流失，增加大量的物质来源，从而引起或加剧泥石流的发生。

4.1.3 泥石流的分类

泥石流的分类方法很多，依据主要是泥石流的形成环境、流域特征和流体性质等。各种分类都从不同的侧面反映了泥石流的某些特征。

1. 根据流域特征分类

(1) 标准型泥石流流域：流域呈扇形，能明显地分出形成区、流通区和堆积区。沟床下切作用强烈，滑坡、崩塌等发育，松散物质多，主沟坡度大，地表径流集中，泥石流的规模和破坏力较大。

（2）沟谷型泥石流流域：流域呈狭长形，形成区不明显，松散物质主要来自中游地段。泥石流沿沟谷有堆积也有冲刷、搬运，形成逐次搬运的"再生式泥石流"。

（3）山坡型泥石流流域：流域面积小，呈漏斗状，流通区不明显，形成区与堆积区直接相连，堆积作用迅速。由于汇水面积不大，水量一般不充沛，多形成重度大、规模小的泥石流。

2．按物质组成分类

（1）泥流：以黏性土为主，混少量砂土、石块。黏度大，呈稠泥状。

（2）泥石流：由大量的黏性土和粒径不等的砂、石块组成，固体成分从粒径小于 0.005 mm 的黏土粉砂到直径 10～20 m 的大漂砾。

（3）水石流：以大小不等的石块、砂为主，黏性土含量较少。

3．按物质状态分类

（1）黏性泥石流：含大量黏性土的泥石流或泥流，黏性大，固体物质约占 40%～60%，最高达 80%，水不是搬运介质而是组成物质，石块呈悬浮状态。

（2）稀性泥石流：水为主要成分，黏性土含量少，固体物质约占 10%～40%，有很大分散性，水是搬运介质，石块以滚动或跳跃方式向前推进。

4．工程分类

我国在工程实践中，按泥石流爆发频率将泥石流沟谷划分为两类：高频率泥石流沟谷和低频率泥石流沟谷。

（1）高频率泥石流沟谷：基本上每年均有泥石流发生。固体物质主要来源于沟谷的滑坡、崩塌。泥石流爆发雨强小于 2～4 mm/10 min。除岩性因素外，滑坡、崩塌严重的沟谷多发生黏性泥石流，规模大；反之，多发生稀性泥石流，规模小。从流域特征来看，多位于强烈抬升区；岩层破碎，风化强烈，山体稳定性差，滑坡、崩塌发育、植被差。沟床和扇形地上泥石流堆积新鲜，无植被或仅有稀疏草丛。黏性泥石流沟中、下游沟床坡度大于 4%。

（2）低频率泥石流沟谷：泥石流爆发周期一般在 10 年以上。固体物质主要来于沟床，泥石流发生时"揭床"现象明显。暴雨时坡面产生的浅层滑坡往往是激发泥石流形成的重要因素。泥石流爆发雨强一般大于 4 mm/10 min。泥石流规模一般较大，性质有黏有稀。从流域特征来看，山体稳定性相对较好，无大型活动性滑坡、崩塌。中、下游沟谷往往切于老台地和扇形地内，沟床和扇形地上巨砾遍布，植被较好，常常是"山清水秀"，沟床内灌木丛密布，扇形地多已辟为农田。黏性泥石流沟中、下游沟床坡度小于 4%。

4.2 泥石流的勘测与计算

4.2.1 泥石流的勘测

1. 工程地质测绘与调查

泥石流调查和测绘的范围应包括沟谷至分水岭的全部地段和可能受泥石流影响的地段。泥石流的调绘主要针对泥石流的形成要素和泥石流特征，通过调查和判别，区分泥石流沟（包括潜在泥石流沟）和非泥石流沟，确定泥石流的易发程度和危害等级，并对泥石流沟、潜在泥石流沟的防治方案提出建议。

泥石流工程地质测绘和调查应以下列与泥石流有关的内容为重点。

(1) 冰雪融化和暴雨强度、一次最大降雨量、平均及最大流量、地下水活动等情况；

(2) 地层岩性、地质构造、不良地质作用、松散堆积物的物质组成、分布和储量；

(3) 地形地貌特征，包括沟谷的发育程度、切割情况、坡度、弯曲、粗糙程度，并划分泥石流的形成区、流通区和堆积区，圈绘整个沟谷的汇水面积；

(4) 形成区的水源类型、水量、汇水条件、山坡坡度、岩层性质和风化程度，断裂、滑坡、崩塌、岩堆等不良地质作用的发育情况及可能形成泥石流的固体物质的分布范围、储量；

(5) 流通区的沟床纵横坡度、跌水、急弯等特征，沟床两侧山坡坡度、稳定程度，沟床的冲淤变化和泥石流的痕迹；

(6) 堆积区的堆积扇分布范围、表面形态、纵坡、植被、沟道变迁和冲淤情况，堆积物的物质、层次、厚度、一般粒径和最大粒径，判定堆积区的形成历史、堆积速度，估算一次最大堆积量；

(7) 泥石流沟谷的历史，历次泥石流的发生时间、频数、规模、形成过程、暴发前的降雨情况和暴发后产生的灾害情况；

(8) 开矿弃渣、修路切坡、砍伐森林、陡坡开荒和过度放牧等人类活动情况；

(9) 当地防治泥石流的经验。

2. 泥石流沟的识别

能否产生泥石流可从形成泥石流的条件分析判断；已经发生过泥石流的流域，可从下列几种现象来识别。

(1) 中游沟身常不对称，参差不齐，往往凹岸发生冲刷坍塌，凸岸堆积成延伸不长的"石堤"，或凸岸被冲刷，凹岸堆积，有明显的截弯取直现象；

(2) 沟槽经常大段地被大量松散固体物质堵塞，构成跌水；

(3) 沟道两侧地形变化处、各种地物上、基岩裂缝中，往往有泥石流残留物、擦痕、泥痕等；

（4）由于多次不同规模泥石流的下切淤积，沟谷中下游常有多级阶地，在较宽阔地带常有垄岗状堆积物；

（5）下游堆积扇的轴部一般较凸起，稠度大的堆积物扇角小，呈丘状；

（6）堆积扇上沟槽不固定，扇体上杂乱分布着垄岗状、舌状、岛状堆积物；

（7）堆积的石块均具尖锐的棱角，粒径悬殊，无方向性，无明显的分选层次。

上述现象不是所有泥石流地区都具备的，调查时应多方面综合判定。

3. 勘探测试工作

当工程地质测绘不能满足设计要求或需要对泥石流采取防治措施时，应进行勘探测试，进一步查明泥石流堆积物的性质、结构、厚度、密度，固体物质含量、最大粒径，泥石流的流速、流量、冲出量和淤积量。这些指标是判定泥石流类型、规模、强度、频繁程度、危害程度的重要依据，同时也是工程设计的重要参数。

4.2.2 泥石流规模的计算

泥石流防治措施最重要的依据，就是泥石流形成量的大小，因为它是危险区范围、工程容量等设计的基本依据。泥石流规模由泥石流总量（一次泥石流总的泥沙量）和最大流量来表征。在泥石流防治工程设计时，需同时考虑泥石流最大流量及泥石流总量，但根据防治目标不同，亦有所侧重。如泥石流沟面积小，以控制总量来消除泥石流灾害的防治工程，侧重于以泥石流总量作为设计依据；如泥石流沟面积大，采取以减轻泥石流灾害为目的的防治措施，侧重于以泥石流流量作为设计依据。

1. 泥石流流量计算

泥石流峰值流量是泥石流重要的特征值之一，它不仅反映了泥石流的强度、规模和流体的性质，也决定着泥石流防治工程的类型、结构和尺寸。泥石流流量的计算方法主要有配方法和形态调查法。

（1）配方法。该方法认为泥石流流量为雨洪流量和固体流量之和，根据泥石流体中水和固体物质的比例，用在一定设计标准下可能出现的洪水流量加上按比例所需的固体物质体积配合而成泥石流流量。配方法的基本表达式为：

$$Q_C = Q_B + Q_H = Q_B(1 + \varphi) \tag{4-1}$$

按定义，泥石流密度为：

$$\rho_C = \frac{Q_B + Q_H \times \rho_H}{Q_B + Q_H} \tag{4-2}$$

联立式（4-1）和式（4-2），可得：

$$\varphi = \frac{\rho_C - 1}{\rho_H - \rho_C} \tag{4-3}$$

式中：

Q_C——泥石流流量（m^3/s）；

Q_B——泥石流沟清水流量（m^3/s）；

Q_H——泥石流固体流量（m^3/s）；

φ——泥石流流量修正系数；

ρ_C——泥石流流体密度（g/cm^3）；

ρ_H——泥石流固体颗粒密度（g/cm^3）。

配方法是计算泥石流流量的基本方法。采用配方法进行泥石流流量计算，对于稀性泥石流与实际差别不大；对于黏性泥石流，由于泥石流在通过卡口、急弯、纵坡突然变缓情况下的沟段时，容易发生泥石流停积淤塞、体积增大而又开始流动，导致泥石流流量增大，因此计算值往往小于实测值。考虑堵塞因素，将公式（4-1）修正为：

$$Q_C = Q_B(1 + \varphi)D_C \qquad (4-4)$$

式中：

D_C——泥石流堵塞系数（其值为 1.0～3.0，轻微堵塞取 1.0～1.4，一般堵塞取 1.5～1.9，较严重堵塞取 2.0～2.5，严重堵塞取 2.6～3.0）。

（2）形态调查法。形态调查法又称泥痕调查法。该法根据形态调查计算泥石流的峰值流量，即按照泥石流在河槽岸边上遗留的最高痕迹，测量沟槽横断面面积乘以泥石流流速，得到泥石流的峰值流量。形态调查法的基本表达式为：

$$Q_C = W_C V_C \qquad (4-5)$$

式中：

W_C——泥石流过流断面面积（m^2）；

V_C——泥石流沟流速（m/s）。

采用该方法时，泥石流过流断面最好选择在冲淤变化不大的顺直沟段。如泥石流冲淤变化很大，计算过流断面时，必须考虑冲淤的影响，否则误差很大。泥石流流速计算根据泥石流流体性质，选择相应的经验公式进行计算。

2. 泥石流总量计算

泥石流总量对小流域（$1\ km^2$左右）泥石流防治工程至关重要，因为对这种流域防治工程是对总量的控制，它决定工程的规模和强度。日本学者水原邦夫（1994）收集了中国 269 条泥石流爆发的资料，经过统计分析，得到了符合中国情况的泥石流总量与流域面积的关系式：

$$V_D = 1.73 \times 10^4 \times A^{0.808} \qquad (4-6)$$

式中：

V_D——泥石流总量（m^3）；

A——集水区面积（km^2）。

有关泥石流总量的其他计算方法，一般采用流量与时间表述，这里不再赘述。

4.3 泥石流的评估与预测

4.3.1 泥石流的评估

1. 泥石流发生的影响因子

泥石流形成的基本条件包括地形、地质及水源条件，同时受到环境因素和人类活动的影响，而每一类中又包含了众多的因子（表4.1）。它们在泥石流形成中，相互作用，相互影响。

表 4.1 泥石流形成的影响因子及分级

因素分类	因子类型	权重
降水	雨量、雨强、暴雨频率、气温	30
地质	岩性、构造、风化、不良地质	25
地形	沟床坡降、沟谷坡度及密度、流域形状及规模	25
环境	森林覆盖率、水土流失、荒漠化程度	10
人类活动	陡坡耕地面积率、人口密度、放牧方式……	10

（1）降水条件。降水是泥石流形成的重要条件，为泥石流的发生提供了充足的水量，也是泥石流及崩塌、滑坡发生的激发因素。降水条件中的主要因子有雨强、暴雨频率、雨量和气温等四个因子。其中气温主要是对冰雪融水引起的泥石流起作用。降水中的诸因子均系不稳定因子，经常发生变化，是引起泥石流形成的最重要、最活跃的因素。

（2）地质条件。地质主要为泥石流形成提供固体物质。决定不稳定固体物质数量和可动性的主要因子有岩性、构造、地震、风化程度及不良地质现象。它们在本区域发育，泥石流形成的可能性越大，反之亦然。同时地质条件也决定着泥石流的性质，即黏性或非黏性。

（3）地形条件。地形主要为泥石流提供动能。如果山体高，坡度大，则处于高势能，有利于径流汇集，可以快速起动坡面和沟内松散物质，而形成泥石流。所以地形条件主要因子应考虑坡降、流域比高、沟谷密度、流域形状和面积大小。

（4）环境因素。环境因素是加速或减弱泥石流发生规模、频率的影响因素。影响因素中最主要的因子有森林覆盖率、水土流失状况及荒漠化状况。这个环境因素可以影响到泥石流的加剧或减弱，而泥石流的强弱也可影响环境变化。环境变化更受到人类经济活动的控制。

（5）人类活动。人类的经济活动直接影响到环境的改变。不合理的经济活动，可以加剧山地泥石流灾害的发展；合理的经济活动，可以保护和优化环境，以减轻泥石流灾害。人类经济活动主要表现在泥石流区内的陡坡耕地面积率、人口密度、放牧方式和牛羊密度、人均收入等级等。

2. 泥石流产生的可能性评定

在利用泥石流因子对泥石流发生可能性进行评定时，首先确定各因素在泥石流形成中的权重，并给予赋值。确定泥石流形成的极值为100，临界值为60。然后根据取值计算，进行打分评估如下：

<60 时，泥石流不发生；

60~70 时，泥石流发生的可能性小；

70~80 时，泥石流发生的可能性中等；

>80 时，泥石流发生的可能性大。

4.3.2 泥石流的预测

1. 泥石流发生的激发因子

在相同地质、地形条件下，降水是引发泥石流的最活跃的条件，因此世界各国都将降水作为泥石流发生的激发因子和预测指标。

不同成因类型的泥石流有不同的激发条件。雨水泥石流需要暴雨或大暴雨激发，冰雪消融泥石流的激发因素是当年热季连续数日的高温引起冰雪强烈消融，沟蚀泥石流要求足够大的暴雨径流才能起动。这些暴雨、气温、径流都有数量界限，即通常所说的临界值。

暴雨泥石流的临界值称为区域临界雨量，其定义为在某一区域内，当降雨量和平均降雨强度达到和超过一定量级时，就可能有许多泥石流同时发生。如四川省大巴山及四川盆地西部的龙门山，暴雨临界日雨量值偏高，达 120~200 mm；川西地区，区域临界日雨量值偏低，仅 25~80 mm。这种区域差异是由于气候类型、相对高度和地质因素所致。一般而言，半湿润半干旱、泥石流沟相对高度较大的山区，暴雨泥石流区域临界雨量值偏低；湿润气候、泥石流沟相对高度较小的山区，暴雨泥石流区域临界雨量值偏高。

2. 泥石流的预测方法

目前，利用降雨预报泥石流的方法很多，如临界雨量值判别、临界水深测量法、降雨过程天气系统成因法、雨量等值线图解法等。实际应用较多的是临界雨量值判别法。

（1）单项雨量值判别法。

泥石流单项雨量阈值，一般指总雨量、日雨量、三小时雨量、一小时雨强、三十分钟雨强、十分钟雨强等特征值。其中一小时雨强和十分钟雨强研究得较为广泛，如天山阿拉沟泥石流的十分钟雨强阈值为 20 mm，云南省大桥河泥石流的一小时雨强阈值为 30 mm 等。

（2）十分钟雨强与前期雨量组合。

随着泥石流预报的深入和观测资料的积累，人们认识到泥石流发生不只是由于降雨强度值的作用，还包括前期的雨量值影响。蒋家沟泥石流观测站提出的十分钟雨强与前期降雨量组合的方法，在每年都要发生数次到 10 余次泥石流的蒋家沟进行了预报观测，准确率达 86%，表明该方法对于预测高频泥石流的发生具有较为明显的效果。其关系式如下：

$$R_{10i} = 5.5 - 0.091(K_a + R_i) \qquad (4-7)$$

$$K_a = \sum_{n=1}^{20} 0.8^n R_n \qquad (4-8)$$

上两式中：

R_{10i}——激发泥石流的十分钟雨强阀值（mm）；

K_a——泥石流发生日前 20 天的有效雨量（mm），采用式（4-8）计算。

R_n——泥石流发生时刻前第 n 天的日降雨量（mm）；

R_i——泥石流发生时刻前的当日降雨量（mm）。

4.4　泥石流的防治

4.4.1　泥石流的防治原则

泥石流的发生、发展和危害与特定的地理环境、形成因素密切相关。泥石流的防治是根据泥石流的成因要素和治理需要，采用综合治理、局部治理、预防和预测措施来控制泥石流的发生和发展，减轻或消除对被防护对象的危害，使治理的结果达到预定的目标。根据已有经验，泥石流的防治应遵循以下原则。

1. 坚持以防为主，防、治结合，除害兴利的原则

防止泥石流小流域内的生态环境逐步被恶化，在沟谷两侧山坡地不至于产生新的崩塌滑坡，或造成老的崩塌滑坡复活，在主沟道内不人为地或自然地造成大规模松散物质（如被排弃的土石碴等）严重阻塞沟道。这样即使有很强的降雨，但由于大量松散的土石体岸坡仍处于比较稳定的状态，也就只能形成一定规模的暴雨洪水，灾害的类型及性质也就发生了根本性的转变。此外，泥石流防治应坚持除害兴利的原则，就是要把治理后的荒山、滩地及其他资源（如水资源、生物资源等）进一步充分开发利用起来，使泥石流治理不仅是为了除害，更要给当地带来良好的经济效益。

2. 坚持全面规划、重点突出的原则

根据泥石流发生条件、活动特点及危害状况，全面综合地制定防治规划。在具体实施泥石流的防治时，宜采取坡面、沟道兼顾，上下游统筹的综合治理方案。一般在沟谷上游以治水为主，中游以治土为主，下游以排导为主。同时要突出重点，根据具体的要

求和需要,对形成泥石流的主要区域及危害的重点地段采取相应的防治工程措施,使泥石流的活动逐渐停止,达到泥石流的防治目的。

3. 坚持因地制宜、综合治理的原则

在泥石流的治理过程中,按照泥石流的形成条件及防治目的,除对流域内的相应部位设置一定数量效益显著的防护工程外,尚需同时实施森林生态工程及加强行政管理等,使整个泥石流流域得到全方位的治理,从而达到泥石流不再形成或减少泥石流发生的可能性与规模。

4. 坚持投资省、效益高、技术可行的原则

泥石流防治应按防灾和恢复生态平衡的需要,结合当地的实际情况,选择最经济、最有效、最可行的防治工程措施,既达到减轻或消除泥石流危害的目的,又使相应地区的生态环境得到较好的改善。

5. 防治工程应遵循泥石流自身的特点和规律

泥石流的形成过程与流体动静力学性质及运动规律等均有其自身的特点和规律。防治工程设计应结合及应用泥石流特点和规律,使防治工程达到设计所预期的防治目的,提高防治工程的经济技术合理性。

4.4.2 泥石流防治的工程措施

泥石流防治的工程措施是通过在泥石流的形成、流通、堆积区内,兴建相应的蓄水、引水工程,拦挡、支护工程,排导、引渡工程,停淤工程及改土护坡工程,等等,控制泥石流的发生和危害。这类防治工程措施,一般适用于泥石流规模大、活动比较频繁、松散固体物质补给及水动力条件相对集中的泥石流灾害治理,并在保护对象重要、防治标准要求高、见效快、能一次性解决问题的情况下使用。

1. 沟坡整治工程

泥石流沟坡整治工程,主要是对泥石流沟道及岸坡的不稳定地段进行整治。通过修建相应的工程措施,防止或减轻沟床及岸坡遭受严重侵蚀,使沟床及岸坡上的松散土体能保持稳定平衡状态,从而阻止或减少泥石流的发生与规模。对于流路不顺、变化大的沟谷段进行调治,使泥石流能沿规定的流路顺畅排泄。沟坡整治工程主要包括拦沙坝固床稳坡工程(谷坊工程)、护底工程、护坡工程及调治工程。

(1)拦沙坝固床稳坡工程(谷坊工程)。在不稳定(冲刷下切)沟道或紧靠岸坡崩滑体地段的下游,设置一定高度的拦沙坝,抬高沟床,减缓纵坡。利用拦蓄的泥沙堵埋崩滑体的剪出口,或保护坡脚,使沟床及岸坡达到稳定。对于纵坡较大的泥石流沟谷而言,采用梯级谷坊坝群稳定沟床,比用单个高坝,技术要求简单,经济效益更好。

(2)护底工程。护底工程主要是防止沟床被严重冲刷侵蚀,达到稳定沟底的目的。一般采用沟床铺砌或加肋板等措施。

沟床铺砌工程，多采用水泥砂浆砌块石铺砌或混凝土板铺砌沟底。在不很重要的地段，亦可采用干砌块石铺砌。对于有大量漂石密布的陡坡沟床地段，还可采用水泥砂浆或细石混凝土将漂砾间的缝隙填实，使其连接呈整体，达到固床的良好效果。

肋板工程，包括潜坝与齿墙工程，是在沟道内按照沟床纵坡的变化，以一定的间隔距离设置多个与流向基本垂直的肋板，从而达到防止沟床被冲刷的目的。一般采用浆砌石或钢筋混凝土砌筑。基础埋深应大于冲刷线，或者大于1.5m。顶面应与沟底齐平，或不高出沟底面0.5m，顶面宽度应不小于1.0m。在沟岸两端连接处应设置边墙（坝肩），高度应大于设计泥深，以防止流体冲刷岸坡。肋板的中间应低于两端，减少水流的摆动。

（3）护坡工程。护坡工程主要目的是防止坡脚被冲刷及岸坡的坍塌等，一般采用水泥砂浆砌石护坡，或用铅丝笼、木笼及干砌石护坡等。护坡高度应大于设计最高泥位。顶部护砌厚度应大于0.5m。基础埋置深度应在冲刷线以下，应大于1.5m。石笼直径一般为1.0m左右，下部直径需大于1.0m。

对于崩滑体岸坡，可采用水泥砂浆砌石或混凝土挡墙支挡，按水工挡土墙要求进行设计。若崩滑体系由坡脚被冲刷侵蚀所引起，则在地形条件允许的情况下，可将流水沟道改线，使流水沟道避开崩滑坡体，则崩滑体很快就会稳定下来。此外可以采用削坡减载或采用坡地改梯地及植树造林等水土保持措施，对岸坡加以保护。还可以利用坡面排水（沟）工程及等高线壕沟工程等拦排地表雨水，使坡体保持稳定。

（4）调治工程。对于流路不顺、变化大的沟谷段进行调治，使泥石流能沿规定的流路顺畅排泄。主要通过疏浚、截弯取直、丁坝导流等工程措施，规整泥石流的流路，改善其排泄条件，使泥石流对沟岸坡脚不产生大的局部冲刷。此外，可以充分利用上游或邻近区内的清水流量，将支沟注入的泥石流稀释并排泄至保护区以外。还可以在上游清水区设置调节水库，并用人工渠道将水逐渐排入下游，使水土分家，减轻或免除对中下游沟床及岸坡崩滑体坡脚的冲刷，防止泥石流的形成与危害。

2. 拦挡工程

拦挡工程是修建在泥石流沟上的横向拦挡建筑物，主要设置在泥石流沟的上中游区段，用以拦截或停积泥石流中的泥沙、石块等固体物质。主要作用体现在以下几个方面：①拦沙坝建成后，可以控制或提高沟床局部地段的侵蚀基准面，防止淤积区内沟床下切。稳定岸坡崩塌及滑坡体的移动，对泥石流的形成与发展将起到抑制作用。②随着拦沙坝高度与库容的增加，将在坝址以上拦截大量泥沙，从而可以改变泥石流的性质，减少泥石流的下泄规模。③拦沙坝建成后，将使沟床拓宽，坡度减缓。一方面可以减小流体流速，另一方面可使流体主流线控制在沟道中间，从而减轻山洪泥石流对岸坡坡脚的侵蚀速度。④拦沙坝下游沟床，因水头集中，水流速度加快，有利于输沙及排泄。

根据拦沙坝所处的不同地形、地质条件，采用材料及设计、施工要求不同，拦沙坝类型可分为土坝、干砌石坝、浆砌石重力坝、混凝土及浆砌石拱坝、钢筋混凝土板支墩坝及格栅坝等。

（1）土坝。土坝多适用于泥流或含漂砾很小、规模又不很大的泥石流沟防治。优点是能就地取材、结构简单、施工方便；缺点是不能过流，需另行设置溢洪道，而且需要经常维护。

（2）干砌石坝。干砌石坝适用于规模较小的泥石流防治，要求断面尺寸大，坝前应填土防渗及减缓冲击，过流部分应采用一定厚度（一般大于1 m）的浆砌块石护面。坝顶最好不过流，而另外设置排导槽（溢洪道）过流。

（3）浆砌石重力坝。浆砌石重力坝是我国泥石流防治中最常用的一种坝型。实用于各种类型及规模的泥石流防治，坝高不受限制；在石料充足的地区，可就地取材，施工技术条件简单，工程投资较少。

（4）混凝土及浆砌石拱坝。当地缺少石料、两侧沟壁地质条件又较好时，可采用节省材料的拱坝拦截泥石流。坝的高度及跨度不宜太大，并常用同心等半径圆周拱。此类坝的缺点是抗冲击及震动较差，因此不适宜含巨大漂砾的泥石流沟防治。

（5）钢筋混凝土板支墩坝。该坝适用于无石料来源、泥石流的规模较小、漂砾含量很少的泥石流地区。坝顶可以溢流，坝体两侧的钢筋混凝土板与支墩的连接为自由式，坝体内可用沟道内的砂砾土回填，并可根据需要设置一定数量的排水孔。

（6）格栅坝。格栅坝是以混凝土、钢筋混凝土、浆砌石、型钢等为材料，将坝体做成横向或竖向格栅，或做成平面、立体网格，或做成整体格架结构的透水型拦沙坝。与实体坝比较，格栅坝的受力条件好，拦沙及排水效果突出；大部分构件可由工厂预制后装配，既缩短了工期，又保证了工程质量，节省材料，节约投资，有利于坝体维护管理。此类坝具备的拦大（漂石、巨石等）排小（挟沙水流及砾石等）功能，能达到调节拦排泥沙比例的目的，这是实体重力拦沙坝不可能达到的。格栅坝主要适用于水及沙石易于分离的水石流、稀性泥石流，以及黏性泥石流与洪水交错出现的沟谷。对含粗颗粒较多的频发性黏性泥石流及失稳滑坡体的效果较差，但当沟谷较宽时，由于格栅坝有透水功能，拦沙库内的地下水位被降低，则同样具备较好的效果。

3. 排导工程

泥石流排导工程是利用已有的自然沟道或由人工开挖及填筑形成有一定过流能力和平面形状的开敞式槽形过流建筑物。排导工程包括排导槽、排导沟、导流防护堤、渡槽等，一般布设于泥石流沟的流通段及堆积区，主要作用是将泥石流通过排导槽等顺畅地排入下游非危害区，控制泥石流对通过区或堆积区的危害。

泥石流排导工程具有结构简单、施工及维护方便、造价低廉、效益明显等优点。排导工程可以人为地调整泥石流流路，限制泥石流漫溢；还可以改善沟槽纵坡，调整过流断面，提高或控制泥石流流速及输沙能力，制约泥石流的冲淤变化与危害。当地形等条件对排泄泥石流有利时，可优先考虑布设该项工程，将泥石流安全顺畅地排至被保护区以外的预定地域。排导工程应具备以下地形条件。

（1）具有一定宽度的长条形地段，满足排导工程过流断面的需要，使泥石流在流动过程中不产生漫溢。

（2）排导工程布设区应有足够的地形坡度，或采取一定的工程措施后，能创造足够的纵坡，使泥石流在运行过程中不产生危害建筑物安全的淤积或冲刷破坏。

（3）排导工程布设场地顺直，或通过截弯取直后能达到比较顺直，利于泥石流排泄。

（4）排导工程的尾部应有充足的停淤场所，或被排泄的泥沙、石块能较快地由大河等水流挟带至下游。在排导槽的尾部与其大河交接处形成一定的落差，以防止大河河床抬高及河水水位大涨大落导致排导槽内的严重淤积、堵塞，使排泄能力减弱或失效。

4. 停淤工程

泥石流停淤场工程，是在一定时间内，根据泥石流的运动与堆积原理，通过采取相应的措施后，将流动的泥石流体引入预定的平坦开阔洼地或邻近流域内的低洼地，促使泥石流固体物质自然减速停淤。其作用是削减下泄流体中的固体物质总量及洪峰流量，减少下游排导工程及沟槽内的淤积量。

停淤场一般设置在泥石流沟流通段下游的堆积区，可以是大型堆积扇两侧及扇面的低洼地，或是开阔、平缓的泥石流沟谷滩地，扇尾至主河间的平缓开阔阶地及邻近流域内的荒废洼地等。停淤场根据所处的位置，可分为沟道停淤场、堆积扇停淤场、跨流域停淤场和围堰式停淤场等。

4.4.3　泥石流防治的生物措施

泥石流防治的生物措施主要是指保护与营造森林、灌木和草本植被，采用先进的农牧业技术以及科学的山区土地资源开发措施等。生物措施既可减少水土流失、消减地表径流和松散固体物质补给量，又可恢复流域生态平衡，增加生物资料产量和产值。因此，生物措施符合可持续发展的要求，是防治泥石流的根本性措施。

生物措施主要包括林业工程、农业工程和牧业工程措施。

1. 林业工程

在泥石流频发区营造森林水源涵养林、水土保持林、护床防冲林和护堤固滩林等，即可消减泥石流松散固体物质补给量，又可控制形成泥石流的水动力条件。如在泥石流形成区和流通区营造水土保持林可增加地表植被覆盖率，调节地表径流，增强土层的稳定性，减少滑坡和崩塌的发生，从而控制或减少形成泥石流的固体物质和水体补给量。

2. 农业工程

农业工程措施有农业耕作措施和农田基本建设措施两类。农业耕作措施包括沿等高线耕作、立体种植和面耕种植等，其主要作用在于减缓坡耕地的侵蚀作用，提高耕地的保水保土效能。农田基本建设措施指对山区农田引排水渠和交通道路网的合理布局和全面规划。这既是社会经济发展的需要，也是防治泥石流灾害的需要。

3. 牧业工程

牧业工程措施包括适度放牧、改良牧草、改放牧为圈养、分区轮牧等。采用科学合理的牧业措施，既可缓解发展畜牧业与缺少草料的矛盾，间接地减轻泥石流源地过度放牧的压力，又有利于草地恢复和灌木林的营造，防止草场退化，增强水土保持能力，削弱泥石流的发育条件。

第5章　地面沉降、地面塌陷与地裂缝

5.1　地面沉降

地面沉降指在自然因素或人为因素影响下形成的地表垂直下降现象。导致地面沉降的自然因素主要是构造升降运动以及地震、火山活动等，人为因素主要是开采地下水和油气资源以及局部性增加荷载。一般情况下，把自然因素引起的地面沉降归属于地壳形变或构造运动的范畴，作为一种自然动力现象加以研究；而将人为因素引起的地面沉降归属于地质灾害现象进行研究和防治。本节主要介绍由于人为因素所导致的地面沉降。

5.1.1　地面沉降的特征和形成机制

1. 中国地面沉降的分布规律和特点

到 20 世纪末期，我国已有上海、天津、江苏、浙江、陕西等 16 个省（区、市）共 46 个城市（地段）、县城出现了地面沉降问题，总沉降面积达 48655 km²。地面沉降的范围局限在存在厚层第四系堆积物的平原、盆地、河口三角洲或滨海地带，在地域分布上具有明显的分带性，主要分布在以下几类地区：①沿海河流三角洲地区，如上海、苏州、无锡、常州地区；②广大平原地区，如松辽、黄淮海平原；③环渤海地区，如天津、沧州等地；④东南沿海平原与台湾省沿海平原，如宁波、湛江、台北等地；⑤河谷平原和山间盆地，如西安、太原等地。

从成因上看，我国地面沉降绝大多数是因地下水超量开采所致。地面沉降发生的范围往往较大，且存在一处或多处沉降中心。从沉降面积和沉降中心最大累积降深来看，以天津、上海、苏州、无锡、常州、沧州、西安、阜阳、太原等城市较为严重，最大累积沉降量均在 1 m 以上。

地面沉降速率一般比较缓慢而难以明显感觉，常为每年数毫米或每年数厘米，也有少数地区达到每年数十厘米的情况。如按最大沉降速率来衡量，天津（最大沉降速率 80 mm/a）、安徽阜阳（沉降速率 60~110 mm/a）和山西太原（114 mm/a）等地的发展趋势最为严峻。

地面沉降一旦发生后，即使消除了产生地面沉降的原因，沉降了的地面也不可能完全复原。对含水层进行回灌后，也只能恢复因土体颗粒间有效应力变化而引起的弹性变形量部分。

2. 地面沉降的危害

地面沉降所造成的破坏和影响是多方面的。

首先，地面沉降可能造成近海和河流附近地面降低而带来一系列灾害。主要危害表现为既有河、海堤坝或防汛墙的防洪潮能力降低，致使城市抵御自然灾害的能力下降；城市中，下水道排水不畅，降雨积水成灾，发生大面积内涝灾害；港口码头失效，作用功能降低；河道桥下净空减少，过航能力降低，影响交通运输；海水倒灌恶化地下水质，造成土壤盐碱化等。

其次，地面沉降及不均匀沉降导致的地裂缝会造成建筑物的直接破坏，如房屋、桥梁破裂垮塌，地下管道、通道的断裂和破损等。地面沉降引起的地裂缝往往可成为地面污染源侵入深部地下水源的通道，造成水质污染。地裂缝也常常可成为深部有害气体逸出地面的通道，尤其是氡气的超标，对人体健康的危害是极为严重的。

此外，城市地下水位大面积、大幅度的降落，改变了地质体的热容量，可能会造成热岛现象，破坏了原有的生态环境。

3. 地面沉降的成因机制

由于地面沉降的影响巨大，因此早就引起了各国政府和研究人员的密切注意。早期研究者曾提出一些不同的观点，如新构造运动说、地层收缩说和自然压缩说、地面动静荷载说、区域性海平面上升说等。大量的研究证明，过量开采地下水是地面沉降的外部原因，中等、高压缩性黏土和承压含水层的存在则是地面沉降的内因。因而多数人认为，沉降是由于过量开采地下水、石油和天然气、卤水以及高大建筑物的超量荷载等引起的。

在孔隙水承压含水层中，抽取地下水所引起的承压水位的降低，必然要使含水层本身及其上、下相对隔水层中的孔隙水压力随之而减小。根据有效应力原理可知，土中由覆盖层荷载引起的总应力是由孔隙中的水和土颗粒骨架共同承担的（图 5.1）。由水承担的部分称为孔隙水压力（u_w），它不能引起土层的压密；而由土颗粒骨架承担的部分能够直接造成土层的压密，故称为有效应力（σ）；二者之和等于总应力，如下式所示。

$$p = \sigma + u_w \tag{5-1}$$

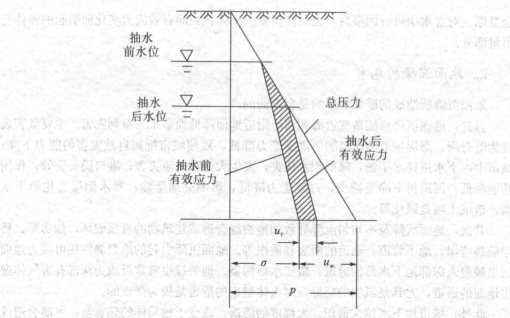

图 5.1 **抽水后土中有效应力的增加**

假定抽水过程中土层内部应力不变，抽水后孔隙水压力下降了 u_f，那么孔隙水压力的减小必然导致土中有效应力等量增大，如下式所示。

$$p = (\sigma + u_f) + (u_w - u_f) \qquad (5-2)$$

有效应力的增加就会引起孔隙体积减小，从而使土层压缩，产生地面沉降。

随着城市建设的开发，大范围、密集高层建筑区也能使深部土层中有效应力增加而产生地面沉降。另外，分布有巨厚的高压性淤泥和淤泥质土的低洼地区，如在洼地上大面积堆填，其软土在堆载（填土）荷重的作用下，产生一维压缩固结，也可形成地区性的地面沉降。此类沉降，受场地软土的工程特性、层厚和堆载大小的控制，是构成滨海平原城市总地面沉降的一个组成部分，不可忽视。如天津市占地 $40~\text{km}^2$ 的塘沽开发区及保税区，在盐池和滩涂上堆填 $1\sim2~\text{m}$ 厚填土，因堆载荷重的影响，地面沉降量可达十余厘米。

5.1.2 地面沉降的监测和预测

1. 地面沉降的监测

地面沉降的危害十分严重，且影响范围广大。尽管地面沉降往往不明显，不易引人注目，却会给城市建筑、生产和生活带来极大的损失。因而，在必须开采利用地下水的情况下，通过大地水准测量来监测地面沉降是非常重要的。

地面沉降的监测项目主要有大地水准测量、地下水动态监测、地表及地下建筑物设施破坏现象的监测等。

监测的基本方法是设置分层标、基岩标、孔隙水压力标、水准点、水动态监测网、水文观测点、海平面预测点等，定期进行水准测量和地下水开采量、地下水位、地下水压力、地下水水质监测及地下水回灌监测，同时开展建筑物和其他设施因地面沉降而破坏的定期监测等。根据地面沉降的活动条件和发展趋势，预测地面沉降速度、幅度、范围及可能产生的危害。

2. 地面沉降趋势的预测

地面沉降的发生、发展过程比较缓慢，属于一种渐进性地质灾害，因此，对地面沉降灾害只能预测其发展趋势。

预测地面沉降的前提条件包括：查明场地的工程地质和水文地质条件，划分压缩层和含水层，进行室内外测试，取得抽水压密试验、渗透试验、前期固结试验、流变试验、反复载荷试验等成果和沉降观测资料。

预测地面沉降量的估算方法有分层总和法和单位变形量法。

(1) 分层总和法。对受地下水位变化影响的地层，分层计算沉降量，地面沉降量等于各地层最终沉降量之和。

黏性土及粉土层按式 (5-3) 计算：

$$S_{\infty} = \frac{a_{\mathrm{v}}}{1+e_0} \Delta p H \tag{5-3}$$

砂性土按式 (5-4) 计算：

$$S_{\infty} = \frac{\Delta p H}{E} \tag{5-4}$$

式中：

S_{∞}——土层最终沉降量（mm）；

a_{v}——压缩或回弹系数（$\mathrm{kPa^{-1}}$）；

e_0——初始孔隙率；

Δp——由于地下水位变化施加于土层上的平均荷载（kPa）；

H——计算土层厚度（mm）；

E——砂层弹性模量（MPa），计算回弹量时用回弹模量。

(2) 单位变形量法。假定土层变形量与水位升降幅度及土层厚度之间都呈线性比例关系，根据预测期前 3~4 年中的实测资料，按式 (5-5) 和式 (5-6) 计算土层在某一特定时段（水位上升或下降）内，含水层水头每变化 1 m 时，其相应的变形量，称为单位变形量。

$$I_{\mathrm{s}} = \frac{\Delta s_{\mathrm{s}}}{\Delta h_{\mathrm{s}}} \tag{5-5}$$

$$I_{\mathrm{c}} = \frac{\Delta s_{\mathrm{c}}}{\Delta h_{\mathrm{c}}} \tag{5-6}$$

式中：

I_{s}、I_{c}——水位升、降期的单位变形量（mm/m）；

Δh_{s}、Δh_{c}——某一时期水位升、降幅度（m）；

Δs_{s}、Δs_{c}——相应于该水位变化幅度下的土层变形量（mm）。

为反映地质条件和土层厚度与 I_{s}、I_{c} 参数之间的关系，将上述单位变形量除以土层的厚度 H，称为土层的比单位变形量，按式 (5-7) 和式 (5-8) 计算。

$$I'_s = \frac{I_s}{H} = \frac{\Delta s_s}{\Delta h_s H} \tag{5-7}$$

$$I'_c = \frac{I_c}{H} = \frac{\Delta s_c}{\Delta h_c H} \tag{5-8}$$

式中：

I'_s、I'_c——水位升、降期的比单位变形量（mm/m²）。

在已知预测期水位变化及地层厚度的条件下，土层预测沉降量按式（5-9）和式（5-10）计算。

$$s_s = I'_s \Delta h H \tag{5-9}$$

$$s_c = I'_c \Delta h H \tag{5-10}$$

式中：

s_s、s_c——水位上升或下降 Δh 时，厚度为 H 的土层预测的回弹量或沉降量（mm）。

（3）地面沉降发展趋势的预测。由于透水性能的显著差异，孔隙水压力减小和有效应力增大的过程在砂层和黏土层中是截然不同的。在砂层中，随着承压水头降低和多余水分的排出，有效应力迅速增至与承压水位降低后相平衡的程度，所以砂层压密是"瞬时"完成的。在黏性土层中，压密过程进行得十分缓慢，往往需要几个月、几年甚于几十年的时间（取决于土层厚度和透水性）。因此，黏土层的压密就有个时间过程。据土的单向固结理论，在水位升降已经稳定不变的情况下，可按式（5-11）计算土层的压密量与时间的关系。

$$S_t = S_\infty U \tag{5-11}$$

其中：

$$U = 1 - \frac{8}{\pi^2}\left[e^{-N} + \frac{1}{9}e^{-9N} + \frac{1}{25}e^{-25N} + \cdots\cdots\right] \tag{5-12}$$

$$N = \frac{\pi^2 C_v}{4H^2}t \tag{5-13}$$

式中：

S_t——预测某时刻 t 个月以后土层变形量（mm）；

U——固结度，以小数表示；

t——时间（月）；

N——时间因素；

C_v——固结系数，（mm²/月）；

H——土层的计算厚度（mm）。

5.1.3 地面沉降的防治

地面沉降与地下水过量开采紧密相关，只要地下水位以下存在可压缩地层就会因过量开采地下水而出现地面沉降，而地面沉降一旦出现则很难治理，因此地面沉降主要在于预防。

对于已发生地面沉降的地区，基本措施是进行地下水资源管理及整治。具体方法有：①压缩地下水开采量，减少水位降深幅度。在地面沉降剧烈的情况下，应暂时停止开采地下水；②向含水层进行人工回灌，回灌时要严格控制回灌水源的水质标准，以防止地下水被污染，并要根据地面沉降规律，制定合理的采灌方案；③调整地下水开采层次，进行合理开采，适当开采更深层的地下水。

对于可能发生地面沉降的地区，基本措施是预测地面沉降的可能性及其危害程度。具体方法有：①估算沉降量，并预测其发展趋势；②结合水资源评价，研究确定地下水资源的合理开采方案，在最小的地面沉降量条件下抽取最大可能的地下水开采量；③采取适当的建筑保护措施，如避免在沉降中心或严重沉降地区建设一级建筑物，在进行房屋道路、管道、堤坝、水井等规划设计时，预先对可能发生的地面沉降量作充分考虑。

5.2 岩溶地面塌陷

5.2.1 岩溶地面塌陷的特征和分布规律

岩溶地面塌陷指覆盖在溶蚀洞穴之上的松散土体，在外动力或人为因素作用下产生的突发性地面变形破坏，其结果多形成圆锥形塌陷坑。岩溶地面塌陷是地面变形破坏的主要类型，多发生于碳酸盐岩、钙质碎屑岩和盐岩等可溶性岩石分布地区。激发塌陷活动直接诱因除降雨、洪水、干旱、地震等自然因素外，往往与抽水、排水、蓄水和其他工程活动等人为因素密切相关。在各种类型塌陷中，以碳酸盐岩塌陷最为常见；因抽水而引发人为塌陷的概率最大。自然条件下产生的岩溶地面塌陷一般规模小、发展速度慢，不会给人类生活带来太大的影响。但在人类工程活动中产生的岩溶地面塌陷不仅规模大、突发性强，且常出现在人口聚集地区，对地面建筑物和人身安全构成严重威胁。

岩溶地面塌陷造成局部地表破坏，是岩溶发育到一定阶段的产物。因此，岩溶地面塌陷也是一种岩溶发育过程中的自然现象，可出现于岩溶发展历史的不同时期。既有古岩溶地面塌陷，也有现代岩溶地面塌陷。岩溶地面塌陷也是一种特殊的水土流失现象，水土通过塌陷向地下沉失，影响着地表环境的演变和改造，形成具有鲜明特色的岩溶景观。

岩溶地面塌陷的分布规律与表现主要有以下几个方面的特征。

1. 多产生在岩溶强烈发育区

我国南方许多岩溶区的资料说明，浅部岩溶愈发育，富水性愈强，地面塌陷愈多，规模愈大。

2. 主要分布在第四系松散盖层较薄地段

在其他条件相同的情况下，第四系盖层的厚度愈大，成岩程度愈高，塌陷愈不易产生。相反，盖层薄且结构松散的地区，则易形成地面塌陷。如广东沙洋矿区疏干漏斗中心部位，盖层厚度为 40~130 m，地面塌陷少而稀。而在漏斗中心的东南部和东部边缘地段，因盖层厚度较小（8~23 m），地面塌陷多而密。

3. 多分布在河床两侧及地形低洼地段

在这些地区，地表水和地下水的水力联系密切，两者之间的相互转化比较频繁，在自然条件下就可能发生潜蚀作用，形成土洞，进而产生地面塌陷。

4. 常分布在地下水降落漏斗中心附近

由采、排地下水而引起的地面塌陷，绝大部分发生在地下水降落漏斗影响半径范围以内，特别是在近地下水降落漏斗中心的附近地区。另外，在地下水的主要径流方向上也极易形成岩溶地面塌陷。

5.2.2 岩溶地面塌陷的成因机制

岩溶地面塌陷是在特定地质条件下，因某种自然因素或人为因素触发而形成的地质灾害。由于不同地区地质条件相差很大，岩溶地面塌陷形成的主导因素也有所不同。因此，对岩溶地面塌陷成因机制的认识也存在着不同的观点。其中占主导地位的主要有两种，即地下水潜蚀机制和真空吸蚀机制。

1. 地下水潜蚀机制

在地下水流作用下，岩溶洞穴中的物质和上覆盖层沉积物产生潜蚀、冲刷和淘空作用，结果导致岩溶洞穴或溶蚀裂隙中的充填物被水流搬运带走，在上覆盖层底部的洞穴或裂隙开口处产生空洞。若地下水位下降，则渗透水压力在覆盖层中产生垂向的渗透潜蚀作用，土洞不断向上扩展，最终导致地面塌陷。

岩溶洞穴或溶蚀裂隙的存在、上覆土层的不稳定性是塌陷产生的物质基础，地下水对土层的侵蚀搬运作用是引起塌陷的动力条件。自然条件下，地下水对岩溶洞穴或裂隙充填物质和上覆土层的潜蚀作用也是存在的，不过这种作用很慢，且规模一般不大；人为抽采地下水，对岩溶洞穴或裂隙充填物和上覆土层的侵蚀搬运作用大大加强，促进了地面塌陷的发生和发展。

此类塌陷形成过程大体可分如下四个阶段：

（1）在抽水、排水过程中，地下水位降低，水对上覆土层的浮托力减小，水力坡度增大，水流速度加快，水的潜蚀作用加强。溶洞充填物在地下水的潜蚀、搬运作用下被带走，松散层底部土体下落、流失而出现拱形崩落，形成隐伏土洞。

（2）隐伏土洞在地下水持续的动水压力及上覆土体的自重作用下，土体崩落、迁移，洞体不断向上扩展，引起地面沉降。

（3）地下水不断侵蚀、搬运崩落体，隐伏土洞继续向上扩展。当上覆土体的自重压力逐渐接近洞体的极限抗剪强度时，地面沉降加剧，在张性压力作用下，地面产生开裂。

（4）当上覆土体自重压力超过了洞体的极限强度时，地面产生塌陷。同时，在其周围伴生有开裂现象。这是因为土体在塌落过程中，不但在垂直方向产生剪切应力，还在水平方向产生张力。

潜蚀致塌论解释了某些岩溶地面塌陷事件的成因。按照该理论，岩溶上方覆盖层中若没有地下水或地面渗水以较大的动水压力向下渗透，就不会产生塌陷。但有时岩溶洞穴上方的松散覆盖层中完全没有渗透水流仍会产生塌陷，说明潜蚀作用还不足以说明所有的岩溶地面塌陷的机制。

2. 真空吸蚀机制

根据气体的体积与压力关系的玻意尔－马略特定律，在密封条件下，当温度恒定时，随着气体的体积增大，气体压力不断减小。在相对密封的承压岩溶网络系统中，由于采矿排水、矿井突水或大流量开采地下水，地下水水位大幅度下降。当水位降至较大岩溶空洞覆盖层的底面以下时，岩溶空洞内的地下水面与上覆岩溶洞穴顶板脱开，出现无水充填的岩溶空腔。随着岩溶水水位持续下降，岩溶空洞体积不断增大，空洞中的气体压力不断降低，从而导致岩溶空洞内形成负压。岩溶顶板覆盖层在自身重力及溶洞内真空负压的影响下向下剥落或塌落，在地表形成岩溶塌陷坑。

3. 其他岩溶地面塌陷形成机制

除前述两种岩溶地面塌陷形成机制外，还有学者提出重力致塌模式、冲爆致塌模式、振动致塌模式和荷载致塌模式等其他岩溶地面塌陷的成因模式。

重力致塌模式是指因自身重力作用使岩溶洞穴上覆盖层逐层剥落或者整体下陷而产生岩溶地面塌陷的过程和现象，它主要发生在地下水位埋藏深、溶洞及土洞发育的地区。

冲爆致塌模式的形成过程是岩溶通道、空洞及土洞中储存的高压气团和水头，随着地下水位上涨压力不断增加；当其压强超过岩溶顶板的极限强度时，就会冲破岩土体发生"爆破"并使岩土体破碎；破碎的岩土体在自身重力和水流的作用下陷入岩溶洞穴，在地面则形成塌陷。冲爆致塌现象常发生于地下暗河的下游。

振动致塌模式是指由于振动作用，使岩土体发生破裂、位移和砂土液化等现象，降低了岩土体的机械强度，从而发生岩溶塌陷。在岩溶发育地区，地震、爆破或机械振动等经常引发地面塌陷，如辽宁省营口地震时，孤山乡第四系松散沉积物覆盖型岩溶区，由于地震引起砂土液化，出现了 200 多个岩溶塌陷坑。

荷载致塌模式是指溶洞或土洞的覆盖层和人为荷载超过了洞顶盖层的强度，压塌洞顶盖层而发生的塌陷过程和现象。如水库蓄水，尤其是高坝蓄水，可将库底岩溶洞穴的顶盖压塌，造成库底塌陷，库水大量流失。

应当指出，岩溶地面塌陷实际上常常是在几种因素的共同作用下发生的。例如洞顶的土层在受到潜蚀作用的同时，往往还受到自身的重力作用。

5.2.3 岩溶地面塌陷的形成条件

1. 岩溶地面塌陷的地质基础

(1) 可溶岩及岩溶发育程度。可溶岩的存在是岩溶地面塌陷形成的物质基础。中国发生岩溶地面塌陷的可溶岩主要是古生界、中生界的石灰岩、白云岩、白云质灰岩等碳酸盐岩，部分地区的晚中生界、新生界富含膏盐芒硝或钙质砂泥岩、灰质砾岩及盐岩也发生过小规模的塌陷；大量岩溶地面塌陷事件表明，塌陷主要发生在覆盖型岩溶和裸露型岩溶分布区，部分发育在埋藏型岩溶分布区。

岩溶的发育程度和岩溶洞穴的开启程度是决定岩溶地面塌陷的直接因素。从岩溶地面塌陷形成机理看，可溶岩洞穴和裂隙一方面造成岩体结构的不完整，形成局部的不稳定；另一方面为容纳陷落物质和地下水的强烈运动提供了充分条件。因此，一般情况下，可溶岩的岩溶越发育，溶隙的开启性越好，溶洞的规模越大，岩溶地面塌陷越严重。

(2) 覆盖层厚度、结构和性质。发生于覆盖型岩溶分布区的塌陷与覆盖层岩土体的厚度、结构和性质存在着密切的关系。大量调查统计结果显示，覆盖层厚度小于 10 m 发生塌陷的机会最多，10~30 m 以上只有零星塌陷发生。覆盖层岩性结构对岩溶地面塌陷的影响表现为颗粒均一的砂性土最容易产生塌陷；层状非均质土、均一的黏性土等不易落入下伏的岩溶洞穴。此外，当覆盖层中有土洞时，容易发生塌陷；土洞越发育，塌陷越严重。

(3) 地下水运动。强烈的地下水运动，不但促进了可溶岩洞隙的发展，而且是形成岩溶地面塌陷的重要动力因素。地下水运动的作用方式包括溶蚀作用、浮托作用、侵蚀及潜蚀作用、搬运作用等。因此，岩溶地面塌陷多发育在地下水运动速度快的地区和地下水动力条件发生剧烈变化的时期，如大量开采地下水而形成的降落漏斗地区极易发生岩溶地面塌陷。

2. 动力条件

引起岩溶地面塌陷的动力条件主要是水动力条件的急剧变化。水动力条件的改变可使岩土体应力平衡发生改变，从而诱发岩溶地面塌陷。水动力条件发生急剧变化的原因主要有降雨、水库蓄水、井下充水、灌溉渗漏以及严重干旱、矿井排水或高强度抽水等。

除水动力条件外，地震、附加荷载、人为排放的酸碱废液对可溶岩的强烈溶蚀等均可诱发岩溶地面塌陷。

5.2.4　岩溶地面塌陷的防治措施

1. 控水措施

要避免或减少地面塌陷的产生，根本的办法是减少岩溶充填物和第四系松散土层被地下水侵蚀、搬运。

(1) 地表水防水措施。在潜在的塌陷区周围修建排水沟，防止地表水进入塌陷区，减少向地下的渗入量。在地势低洼、洪水严重的地区围堤筑坝，防止洪水灌入岩溶孔洞。

对塌陷区内严重淤塞的河道进行清理疏通，加速泄流，减少对岩溶水的渗漏补给。对严重漏水的河溪、库塘进行铺底防漏或者人工改道，以减少地表水的渗入。对严重漏水的塌陷洞隙采用黏土或水泥灌注填实，采用混凝土、石灰土、水泥土、氯丁橡胶、玻璃纤维涂料等封闭地面，增强地表土层抗蚀强度，可有效防止地表水冲刷入渗。

(2) 地下水控水措施。根据水资源条件规划地下水开采层位、开采强度和开采时间，合理开采地下水。在浅部岩溶发育并有洞口或裂隙与覆盖层相连通的地区开采地下水时，应主要开采深层地下水，将浅层水封住，这样可以避免地面塌陷的产生。在矿山疏干排水时，在预测可能出现塌陷的地段，对地下岩溶通道进行局部注浆或帐幕灌浆处理，减小矿井外围地段地下水位下降幅度，这样既可避免塌陷的产生，也可减少矿坑涌水量。

开采地下水时，要加强动态观测工作，以此指导合理开采地下水，避免产生岩溶地面塌陷。必要时进行人工回灌，控制地下水水位的频繁升降，保持岩溶水的承压状态。在地下水主要径流带修建堵水帷幕，减少区域地下水补给。在矿区修建井下防水闸门，建立有效的排水系统，对水量较大的突水点进行注浆封闭，控制矿井突水、溃泥。

2. 工程加固措施

(1) 清除填堵法。该方法常用于相对较浅的塌坑或埋藏浅的土洞。首先清除其中的松土，填入块石、碎石形成反滤层，其上覆盖以黏土并夯实。对于重要建筑物，一般需要将坑底与基岩面的通道堵塞，可先开挖然后回填混凝土或设置钢筋混凝土板，也可灌浆处理。

(2) 跨越法。该方法用于比较深大的塌陷坑或土洞。对于大的塌陷坑，当开挖回填有困难时，一般采用梁板跨越，两端支承在坚固岩、土体上的方法。对建筑物地基而言，可采用梁式基础、拱形结构，或以刚性大的平板基础跨越、遮盖溶洞，避免塌陷危害。对道路路基而言，可选择塌陷坑直径较小的部位，采用整体网格垫层的措施进行整治。若覆盖层塌陷的周围基岩稳定性良好，也可采用桩基栈桥方式使道路通过。

(3) 强夯法。在土体厚度较小，地形平坦的情况下，采用强夯砸实覆盖层的方法提高土层的强度，同时消除隐伏土洞和松软带，是一种预防与治理相结合的措施。

(4) 钻孔充气法。随着地下水位的升降，溶洞空腔中的水气压力产生变化，经常出现气爆或冲爆塌陷。因此，在查明地下岩溶通道的情况下，将钻孔深入到基岩面下溶蚀裂隙或溶洞的适当深度，设置各种岩溶管道的通气调压装置，破坏真空腔的岩溶封闭条件，平衡其水、气压力，减少发生冲爆塌陷的机会。

(5). 灌注填充法。在溶洞埋藏较深时，通过钻孔灌注水泥砂浆，填充岩溶孔洞或缝隙，隔断地下水流通道，达到加固建筑物地基的目的。灌注材料主要有水泥、碎料（砂、矿渣等）和速凝剂（水玻璃、氧化钙）等。

(6) 深基础法。对于一些深度较大，跨越结构无能为力的土洞、塌陷，通常采用桩基工程，将荷载传递到基岩上。

(7) 旋喷加固法。在浅部用旋喷桩形成一"硬壳层"，在其上再设置筏板基础。"硬壳层"厚度根据具体地质条件和建筑物的设计而定，一般 10~20 m 既可。

5.3 地裂缝

5.3.1 地裂缝的特征和形成机制

1. 地裂缝的特征

地裂缝是地表岩土体在自然因素和人为因素作用下产生开裂并在地面形成一定长度和宽度裂缝的现象。地裂缝一般产生在第四系松散沉积物中，与地面沉降不同，地裂缝的分布没有很强的区域性规律，成因也比较多。地裂缝的特征主要表现为发育的方向性、延展性和灾害的不均一性与渐进性等。

(1) 地裂缝发育的方向性与延展性。

地裂缝常沿一定方向延伸，在同一地区发育的多条地裂缝延伸方向大致相同。据统计，河北平原的地裂缝以 NE5°和 NW85°方向最为发育。地裂缝造成的建筑物开裂通常由下向上蔓延，以横跨地裂缝或与其成大角度相交的建筑物破坏最为强烈。

地裂缝灾害在平面上多呈带状分布。从规模上看，多数地裂缝的长度为几十米至几百米，长者可达几公里。如山西大同机车厂—大同宾馆的地裂缝长达 5 km；宽度在几厘米到几十厘米之间，最宽者可达 1 m 以上；裂缝两侧垂直落差在几厘米至几十厘米，大者可达 1 m 以上。平面上地裂缝一般呈直线状、雁行状或锯齿状，剖面上多呈弧形、V 形或放射状。

(2) 地裂缝灾害的非对称性和不均一性。

地裂缝以相对差异沉降为主，其次为水平拉张和错动。地裂缝的灾害效应在横向上由主裂缝向两侧逐渐减弱，而且地裂缝两侧的影响宽度以及对建筑物的破坏程度具有明显的非对称性。如大同铁路分局地裂缝的南侧影响宽度明显比北侧的影响宽度大。同一条地裂缝的不同部位，地裂缝活动强度及破坏程度也有差别，在转折和错列部位相对较重，显示出不均一性。如西安大雁塔地裂缝，其东段的活动强度最大，塌陷灾害最严重，中段灾害次之，西段的破坏效应很不明显。在剖面上，危害程度自下而上逐渐加强，累计破坏效应集中于地基基础与上部结构交接部位的地表浅部十几米深的范围内。

（3）地裂缝灾害的渐进性。

地裂缝灾害是因地裂缝的缓慢蠕动扩展而逐渐加剧的。因此，随着时间的推移，其影响和破坏程度日益加重，最后可能导致房屋及建筑物的破坏和倒塌。

（4）裂缝灾害的周期性。

地裂缝活动受区域构造运动及人类活动的影响，因此，在时间序列上往往表现出一定的周期性。当区域构造运动强烈或人类过量抽取地下水时，地裂缝活动加剧，致灾作用增强，反之则减弱。如大同机车厂地裂缝，在 1990 年 1 月 1 日—5 月 7 日用水稳定期，垂直形变量为 0.6 mm；而在 1990 年 5 月 8 日—6 月 23 日的枯水季节，因集中用水，垂直形变量增至 7.5 mm；1990 年 6 月 24 日～12 月 3 日的雨季及用水平衡期，垂直形变量只有 1.3 mm。

2. 地裂缝的类型和成因机制

地裂缝是一种缓慢发展的渐进性地质灾害。按其形成的动力条件可分两大类：构造型，即内动力形成的构造地裂缝，有多种类型；非构造型，即外动力作用形成的地裂缝，类型也很多。此外，还有混合成因的地裂缝。若按应力作用方式，地裂缝可分为压性地裂缝、扭性地裂缝和张性地裂缝。

（1）构造地裂缝。

构造地裂缝是由于地壳构造运动直接或间接在基岩或土层中所产生的开裂变形，构造地裂缝是在构造运动和外动力地质作用（自然和人为）下产生的结果。构造运动是地裂缝形成的前提条件，决定了地裂缝活动的性质和展布特征；外动力地质作用是诱发因素，影响着地裂缝发生的时间、地段和发育程度（图 5.2）。

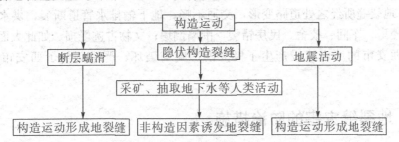

图 5.2　构造地裂缝成因机制框图

构造地裂缝的延伸稳定，可切错山脊、陡坎、河流阶地等线状地貌。在平面上常呈断续的折线状、锯齿状或雁行状排列；在剖面上近于直立，呈阶梯状、地堑状、地垒状排列。构造地裂缝的活动具有明显的继承性和周期性。

从构造地裂缝所处的地质环境来看，构造地裂缝大都形成于隐伏活动断裂带之上。断裂两盘发生差异活动导致地面拉张变形，或者因活动断裂走滑、倾滑诱发地震影响等均可在地表产生地裂缝。更多情况是在广大地区发生缓慢的构造应力积累而使断裂发生蠕变活动形成地裂缝。这种地裂缝分布广、规模大，危害最严重。

区域应力场的改变使土层中构造节理开启也可发展为地裂缝。1966 年邢台地震后，华北平原在区域应力调整过程中出现了大范围的地裂缝灾害，并于 1968 年达到高潮。

构造地裂缝形成的外部因素主要有两方面：①大气降水加剧裂缝发展；②人为活

动，因过度抽水或灌溉水渗入等都会加剧地裂缝的发展。西安地裂缝就是城市过量抽水产生地面沉降导致的。陕西泾阳地裂缝则是因农田灌水渗入和降雨共同作用而诱发的。

（2）非构造地裂缝。

非构造地裂缝的形成原因比较复杂，常伴随崩塌、滑坡、地面沉降和地面塌陷等灾害而发生，其纵剖面形态大多呈弧形、圈椅形或近于直立；黄土湿陷、膨胀土胀缩、松散土潜蚀也可造成地裂缝。此外，还有干旱、冻融引起的地裂缝等。

特殊土地裂缝在中国分布也十分广泛。中国南方主要是膨胀土地裂缝，北方以黄土高原地区黄土地裂缝最发育。膨胀土是一种特殊土，它含有大量膨胀性黏土矿物，具有遇水膨胀、失水收缩的特性。北方广泛分布的黄土具有节理发育的特性，在地表水的渗入潜蚀作用下，往往产生地裂缝。

实践表明，许多地裂缝并不是单一成因的，而是以一种原因为主，同时又受其他因素影响。因此，在分析地裂缝形成条件时，还要具体现象具体分析。就总体情况看，控制地裂缝活动的首要条件是现今构造活动程度，其次是崩塌、滑坡、塌陷等灾害动力活动程度以及动力活动条件等。

3. 地裂缝的分布和危害

地裂缝活动使其周围一定范围内的地质体内产生形变场和应力场，进而通过地基和基础作用于建筑物。由于地裂缝两侧出现的相对沉降差以及水平方向的拉张和错动，可使地表设施发生结构性破坏或造成建筑物地基的失稳。

由于地质构造及人为超量开采地下水等因素，已经导致西安市区内出现地裂缝多达14条。地裂缝延伸总长度约达 160 km，出露总长度约 72 km，地裂缝的覆盖总面积约155 km²。地裂缝所经之处道路变形，交通不畅；地下输排水管道断裂，供水中断，污水横溢；楼房、车间、校舍、民房错裂，围墙倒塌；文物古迹受损。如此大面积的地裂缝已经对西安市的城市建设产生了极大的影响与破坏，严重制约了西安市的规划与发展。

5.3.2 地裂缝灾害的防治措施

地裂缝灾害多数发生在由主要地裂缝所组成的地裂缝带内，所有横跨主裂缝的工程和建筑都可能受到破坏。对人为成因的地裂缝关键在于预防，合理规划，严格禁止地裂缝附近的开采行为。对自然成因地裂缝则主要在于加强调查和研究，开展地裂缝易发区的区域评价，以避让为主，从而避免或减轻经济损失。

1. 控制人为因素的诱发作用

对于非构造地裂缝，可以针对其发生的原因，采取各种措施来防止或减少地裂缝的发生。例如，采取工程措施防止发生崩塌、滑坡，通过控制抽取地下水防止和减轻地面沉降塌陷等；对于黄土湿陷裂缝，主要应防止降水和工业、生活用水的下渗和冲刷；在矿区井下开采时，根据实际情况，控制开采范围，增多、增大预留保护柱，防止矿井坍塌诱发地裂缝。

2. 建筑设施避让防灾措施

对于自然成因的地裂缝，因其规模大、影响范围广，在地裂缝发育地区进行开发建设时，首先应进行详细的工程地质勘查，调查研究区域构造和断层活动历史，对拟建场地查明地裂缝发育带及隐伏地裂缝的潜在危害区，做好城镇发展规划，即合理规划建筑物布局，使工程设施尽可能避开地裂缝危险带，特别要严格限制永久性建筑设施横跨地裂缝。一般避让宽度不少于 4~10 m。

对已经建在地裂缝危害带内的工程设施，应根据具体情况采取加固措施。如跨越地裂缝的地下管道工程，可采用外廊隔离、内悬支座式管道并配以活动软接头连接措施等预防地裂缝的破坏。对已遭受地裂缝严重破坏的工程设施，需进行局部拆除或全部拆除，防止对整体建筑或相邻建筑造成更大规模的破坏。

3. 监测预测措施

通过地面勘查、地形变测量、断层位移测量以及音频大地电场测量、高分辨率纵波反射测量等方法监测地裂缝活动情况，预测、预报地裂缝发展方向、速率及可能的危害范围。

第6章 水库诱发地震

6.1 地震的基本知识

地震是一种常见的地质现象。岩石圈物质在地球内动力作用下产生构造活动而发生弹性应变，当应变能量超过岩体强度极限时，就会发生破裂或沿原有的破裂面发生错动滑移，应变能以弹性波的形式突然释放并使地壳振动而发生地震。

最初释放能量引起弹性波向外扩散的地下发射源为震源，震源在地面上的垂直投影为震中，震中到震源的距离称为震源深度。按震源深度，地震可分为浅源地震（震源深度 0~70 km）、中源地震（震源深度 70~300 km）和深源地震（震源深度 300~700 km）。大多数地震发生在地表以下几十公里地壳中，破坏性地震一般为浅源地震。

强烈地震可使大范围的建筑物瞬间沦为废墟，是一种破坏性很强的地质灾害。地震灾害不仅造成建筑物倒塌而使人类生命财产遭受重大损失，而且还会诱发大规模的砂土液化和崩塌、滑坡等次生地质灾害；发生在深海地区的强烈地震有时还可引起海啸。地震的破坏范围有时可扩展到数百公里甚至数千公里之外。

6.1.1 地震波

地震所产生的震动是以弹性波的形式传播出来的，这种弹性波称为地震波。地震时通过地壳岩体在介质内部传播的波称为体波，体波经过折射、反射而沿地面附近传播的波称为面波。面波是体波形成的次生波。

面波包括纵波（P 波）和横波（S 波）。纵波又称疏密波，由介质体积变化而产生，并靠介质的扩张与收缩而传递，质点振动与波的前进方向一致；在某一瞬间沿波的传播方向形成一疏一密的分布（图 6.1）。纵波振幅小，周期短，传播速度快。横波又叫扭动波，是介质性状变化的结果，质点的振动方向与波传播方向互相垂直，各质点间发生周期性的剪切振动。与纵波相比其振幅较大、周期较长、传播速度较慢。

面波是体波到达地面后激发的次生波，它仅限于地面运动。面波分为两种：一种是在地面上做蛇形运动的勒夫波，质点在水平面上垂直于波前进方向做水平振动；另一种是在地面滚动的瑞利波，质点在与传播方向相垂育的平面内做椭圆运动。瑞利波产生的振动使物体发生垂直和水平方向的运动。

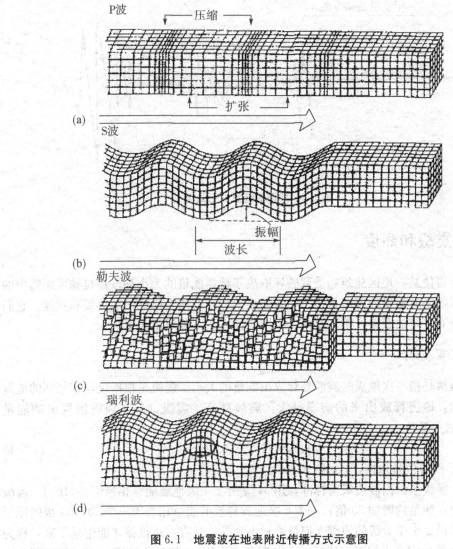

P波

压缩

扩张

(a)

S波

振幅

波长

(b)

勒夫波

(c)

瑞利波

(d)

图 6.1　地震波在地表附近传播方式示意图

　　与 P 波和 S 波相比，面波的传播速度最慢、振幅最大、波长最大，因此面波统称为 L 波。地震发生后，一个地震波记录仪或地震谱最先记录的是传播速度快的 P 波，然后是 S 波，最后是 L 波（图 6.2）。一般情况下，横波和面波到达时振动最强烈，建筑物的破坏通常是由横波和面波造成的。

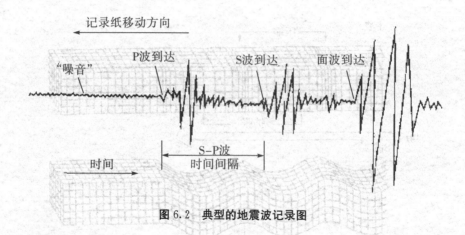

图 6.2 典型的地震波记录图

6.1.2 震级和烈度

地震能否使某一地区建筑物受到破坏取决于地震能量的大小和该建筑物区距震中的远近。所以需要有衡量地震能量大小和破坏强烈程度的两个指标，即震级和烈度。它们之间虽然具有一定的联系，但却是两个不同的指标，不能混淆起来。

1. 地震震级

地震震级是指一次地震时震源处释放出能量的大小。震级是根据仪器记录到的地震振幅确定的，地震释放出来的能量越大，震级越高。震级（M）和震源发出的能量（E）之间的关系是：

$$\log E = 11.8 + 1.5M \tag{6-1}$$

式中 E 的单位是尔格，1 尔格 $=10^{-7}$ J。

目前，震级多以面波震级为标准，用 M_S 表示。1 级地震能量相当于 2×10^6 J，震级每增大一级，能量约增加 30 倍；一个 6 级地震释放的能量相当于一个 20000 t 级的原子弹。一般来说，小于 2 级的地震人们是感觉不到的，只有通过仪器才能记录下来，称为微震；2~4 级地震，人们可以感觉到，称为有感地震；5 级以上地震，可引起不同程度的破坏，称为破坏性地震；7 级以上称为强烈地震。

据统计，地球上每年约发生几百万次地震，人们可以感觉到的仅占 1% 左右，7 级以上的大地震平均一年有十几次。目前记录到的世界上最大地震是发生于 1960 年 5 月 22 日的智利地震，震级 8.9 级。

2. 地震烈度

地震烈度是指地震时受震地区地面及各类建筑物遭受破坏的程度。地震烈度的高低与震级的大小、震源的深浅、距震中距离、地震波的传播介质以及场地地质构造条件等有关。一次地震，距震中远的地方，烈度低；距震中近处烈度高。相同震级的地震，因震源深浅不同，地震烈度也不同，震源浅者对地表的破坏就大，如 1960 年 2 月 29 日非洲摩洛哥临太平洋游览城市阿加迪，发生了 5.8 级地震，由于震源很浅（只有 3~5 km），在 15s 内大部分房屋都倒塌了，破坏性很大。而同样震级的地震，若震源深，则破坏性相对小。

为了表示地震的影响程度，就要有一个评定地震烈度的标准，这个标准称为地震烈度表，它把宏观现象（人的感觉，器物反应，建筑物及地表破坏等）和定量指标按统一的标准，把相同或近似的情况划分在一起，来区别不同烈度的级别。目前世界各国所编制的这种评定地震烈度的标准即地震烈度表不下数十种。多数国家采用划分为 12 度的烈度表，如中国、美国、俄罗斯和欧洲的一些国家。

一次地震只有一个相应的震级，而烈度则随地方而异，由震中向外烈度逐渐降低。在地震区把地震烈度相同的点用曲线连接起来，这种曲线称为等震线。等震线就是在同一地震影响下，破坏程度相同的各点的连线，是等烈度值的外包线。等震线一般围绕震中呈不规则的封闭曲线。震中点的烈度称为震中烈度。对于浅源地震，震级（M_S）与震中烈度（I）大致成对应关系，可用如下经验公式表示：

$$M_S = 0.58I + 1.5 \tag{6-2}$$

6.1.3　地震的类型和分布

1.　地震的类型

地震按其成因可归纳为构造地震、火山地震、塌陷地震和诱发地震四种类型。

由于地壳运动在岩体中积蓄了巨大的构造应力，在构造脆弱的部位容易发生断裂或错动而引起地震，这就是构造地震。构造地震约占全球地震总数的 90%。构造地震的特点是活动频繁、分布广泛、影响范围大、延续时间长、破坏性强，造成灾害损失也最大。

火山地震是由于火山喷发而引起的地震。火山喷发前岩浆在地壳内积聚、膨胀，使岩浆附近的老断裂产生新活动，也可能产生新断裂，这些新老断裂的形成和发展均伴随有地震的产生。火山地震影响范围较小，其数量约占全球地震总数的 7%。

塌陷地震是由于大规模的崩塌、滑坡，石灰岩地区地下溶洞的塌陷，或旧矿坑的陷落而引起的地震。陷落地震影响范围很小，一般不超过几平方公里，其数量约占全球地震总数的 3%。

诱发地震是指由于水库蓄水、人工爆破、深井大量灌水或采矿而引起的。大型水库在蓄水后诱发地震的实例在国内外已有很多报道，据初步统计有 100 多例。

2.　全球主要地震带的分布

早期的地震研究工作已经发现，地震并非均匀分布于地球上的每个角落，而是集中于某些特定地带，这些地震集中的地带称为地震带。世界范围内的主要地震带是环太平洋地震带、地中海喜马拉雅地震带（欧亚地震带）和大洋中脊地震带。

（1）环太平洋地震带。环太平洋地震带是世界上最大的地震带，在这一狭窄条带内震中密度也最大。全世界约 80% 的浅源地震、90% 的中源地震和几乎全部深源地震集中于环太平洋地震带，释放的能量约为全世界地震释放能量的 80%。该带沿一系列山脉而行，从美洲南端的合恩角沿西海岸到阿拉斯加向西横跨到亚洲，在亚洲沿太平洋海岸自北向南经过堪察加、日本、菲律宾、新几内亚、斐济，最后到达南端的新西兰而构成环路。

（2）地中海喜马拉雅地震带。地中海喜马拉雅地震带（或称欧亚地震带）为全球第二大地震带，震中分布较环太平洋地震带分散，所以该地震带的宽度大且有分支。它从直布罗陀一直向东伸展到东南亚。此地震带以浅源地震为主，在帕米尔、喜马拉雅分布有中源地震，深源地震主要分布于印尼岛弧。环太平洋地震带以外的几乎所有深源、中源地震和大的浅源地震均发生于此带，释放能量约占全球地震能量的15%。

（3）大洋中脊地震带。大洋中脊地震带呈线状分布于各大洋的中部附近。这一地震带远离大陆且多为弱震，20世纪60年代海底扩张和板块构造理论的发展才使人们注意到这一地震带。这一地震带的所有地震均产生于岩石圈内，震源深度小于30 km，震级绝大多数小于5级。

上述地震带的分布绝非偶然，而是在一定的大地构造背景之下，现代构造运动的产物。根据板块构造理论，以上述三大地震带为边界，整个刚性岩石被分为六大刚性体和多个较小的板块。大洋中脊、深海沟、火山和许多其他特征要么与岩石圈板块的活动边缘相吻合，要么与之相平行。由于大洋中脊增生、板块俯冲和转换断层等岩石圈运动，才形成了上述有规律分布的全球性地震带。

3. 中国的地震分布

中国地处环太平洋地震带和欧亚地震带之间，是世界上多地震灾害的国家。我国地震主要分布在台湾、青藏高原（包括青海、西藏、云南、四川西部）、宁夏、甘肃南部、新疆和华北地区，而东北、华南和南海地区分布较少（图6.3）。

我国地震活动具有以下特点：

（1）地震活动分布广。中国是全球范围内地震最强烈的地区之一。据地震史料记载，全国所有省份无一例外地都曾发生过5级或5级以上地震。

（2）地震活动频度高。1900年以来，我国平均每年发生5级以上地震10余次，每年发生7级以上的地震接近1次，8级以上的地震平均每10年发生1次。

（3）地震震源深度浅。在中国，除东北和台湾地区分布有少数中源地震外，绝大多数地震的震源深度在40 km以内，东部地区的地震震源深度多在10~20 km左右。

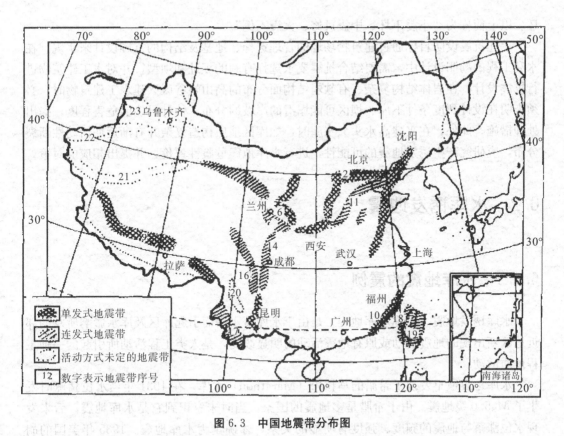

图 6.3　中国地震带分布图

6.1.4　抗震设防的基本原则

　　地震是一种突发性的地质灾害，强烈的地震灾害可以把整座城市毁于一旦。建筑物的抗震设防是一种有效减轻地震灾害损失的防御措施，即通过抗震设防，减轻建筑的损坏，避免人员死亡，减轻经济损失。

　　抗震设防烈度指按国家规定的权限批准作为一个地区抗震设防依据的地震烈度，一般情况下，可采用《中国地震动参数区划图》中的地震基本烈度；对已编制抗震设防区划的城市，可按批准的抗震设防烈度进行抗震设防。基本烈度指建筑所在地区在设计基准期（50 年）内可能遭受的具有 10% 超越概率的地震烈度值，基本烈度相当于 475 年一遇的最大地震的烈度，也称为偶遇烈度或中震烈度；多遇烈度指建筑所在地区在设计基准期（50 年）内出现的频度最高的烈度，也称为常遇烈度、小震烈度，其超越概率为 63.2%，重现期为 50 年；罕遇烈度指建筑所在地区在设计基准期（50 年）内具有超越概率 2%~3% 的地震烈度，也称为大震烈度，重现期约为 2000 年。

　　按我国现行的抗震设计规范，抗震设防的基本目标是：当遭受低于本地区抗震设防烈度的多遇地震影响时，一般不受损坏或不需修理可继续使用。当遭受相当于本地区抗震设防烈度的地震影响时，可能损坏，经一般修理或不需修理仍可继续使用。当遭受高于本地区抗震设防烈度的预估的罕遇地震影响时，不致倒塌或发生危及生命的严重破坏。以上简称为"小震不坏、中震可修、大震不倒"。

上述抗震设防目标通过建筑物场地的合理选择、地基及结构的抗震设计来实现。在水利工程的勘测设计中，需要结合抗震要求选择有利的坝址和坝型，并对水工建筑物进行抗震设计。在岩体结构复杂、有软弱结构面分布的高山峡谷区兴建水工建筑物时，必须查明在设计烈度条件下库、坝区可能塌滑的岸坡的分布，估计可能的危害程度，提出处理措施。此外，在兴建高水头大水库时，如库区地质构造复杂并有渐近期活动性断裂分布，应研究产生诱发地震的可能性，进行水库地震危险性评价，并提出相应的对策。

6.2　水库诱发地震

6.2.1　水库地震的震例

水库诱发地震（简称水库地震）是由于水库蓄水后而引起库区及库水影响所及的邻近地区新出现的地震活动或原有地震活动的明显改变，是人类工程活动所引起的一种工程地质活动。

水库地震最早发现于希腊的马拉松（Marathon）水库，在1931年当水位猛涨时发生了M_S5.0级地震。由于希腊是多地震的国家，当时未意识到它是水库地震，后来发现水位涨落与地震的频度、强度有明显的关系，才确定为水库地震。1935年美国的胡佛（Hoover）水坝截流蓄水，1936年9月库区产生频繁的地震活动，并在1939年5月发生了最大震级为M_S5.0级的地震。

要了解水库地震的特点，首先就得了解各国水库地震的基本情况，从中找出它们的发震条件和基本规律，来对比和预测新建水库是否具备水库地震的发震条件和可能的强度，以便采取必要的预防措施。据初步统计，截至1996年（国外数据统计到1986年），世界上有33个国家的134座水库发生过水库地震，其中大于M_S4.5级的水库地震有35例，大于M_S6.0级的水库地震有4例，分别是：1962年3月中国的新丰江水库发生的M_S6.1级地震，1963年9月赞比亚—津巴布韦的卡里巴（Kariba）水库发生的M_S6.1级地震，1966年2月希腊的克里玛斯塔（Kremasta）水库发生的M_S6.2级地震和1967年12月印度的柯依纳（Koyna）水库发生的M_S6.5级地震。我国的水库地震有25例（表6.1）；有20例被大多数研究者公认为水库地震，另外5例则有争议。

表6.1　中国水库地震震例

序号	水库名称	省份	坝高/m	库容/亿 m³	蓄水时间	初震时间	已知最大地震		震中岩性
							时间	震级 M_S	
1	新丰江	广东	105	139	1959.1	1959.11	1962.3.19	6.1	花岗岩
2	参窝	辽宁	50.3	7.9	1972.11	1973.2	1974.12.22	4.8	混合岩
3	丹江口	湖北	97	174	1967.11	1970.1	1973.11.29	4.7	石灰岩

序号	水库名称	省份	坝高/m	库容/亿 m³	蓄水时间	初震时间	已知最大地震 时间	已知最大地震 震级 M_S	震中岩性
4	水口	福建	101	39	1993.5	1993.11	1996.4.21	3.8	花岗斑岩
5	曾文	台湾	133	7.1	1973.4	1973.9	1978.6	3.7	砂页岩
6	盛家峡	青海	35	0.045	1980.10	1980.11	1984.3.7	3.6	花岗岩
7	乌江渡	贵州	165	23	1979.11	1980.1	1992.5.20	3.5	灰岩, 岩溶发育
8	柘林	江西	63.6	79	1972.1	1972.2	1972.10.14	3.2	石灰岩
9	鲁布革	云南	103.8	1.1	1988.11	1988.11	1988.12.17	3.1	灰岩
10	前进	湖北	50	0.16	1970.5	1971.10	1971.10.26	3	白云质灰岩
11	铜街子	四川	82	2	1992.4	1992.4	1992.7.17	2.9	玄武岩、灰岩
12	乌溪江	浙江	129	20.6	1979.1	1979.6	1979.10.7	2.8	次火山岩、凝灰岩
13	石泉	陕西	65	4.7	1972.10	1973.9	1978.1	2.6	片岩
14	隔河岩	湖北	151	34	1993.4	1993.5	1993.5.30	2.6	石灰岩
15	龙羊峡	青海	178	276	1981.7	1981.9	1990.1.27	2.4	变质砂岩、花岗闪长岩
16	南水	广东	81.3	10.5	1969.2	1969.6	1970.2.26	2.4	石灰岩
17	黄石	湖南	40.5	6.1	1969.5	1973.5	1974.9.21	2.3	灰岩
18	东江	湖南	157	91.5	1986.8	1987.11	1989.7.24	2.3	花岗岩
19	邓家桥	湖北	13	0.004	1978.12	1980.8	1983.10.30	2.2	石灰岩
20	南冲	湖南	45	0.35	1967.4	1970.5	1974.7.25	2	石灰岩
21	佛子岭*	安徽	74.6	4.9	1954.6	1954.12	1973.3.11	4.5	大理岩、千枚岩
22	大化*	广西	78.5	9.6	1982.5	1982.6	1993.2.10	4.5	石灰岩
23	新店*	四川	26.5	0.29	1974.4	1976.7	1979.9.15	4.2	石灰岩、硬石膏及盐岩
24	潘家口*	河北	107.5	29	1980	1980	1985	<3.0	古生代沉积岩
25	岩滩*	广西	110	34	1992.3	1992.3	1994.6.21	2.9	石灰岩

注：带"*"的是存在争议的水库地震震例。

6.2.2 水库地震的成因

国内外许多震例的实际资料表明，水库蓄水确实能引起水库地震。目前对于水库地震的成因机制的研究尚处于初步阶段，从已有的认识来看，水库蓄水的诱发地震作用包括水库荷载的作用、孔隙水压力的作用和库水对库基岩石的物理化学作用等。

1. 水库荷载的作用

水库荷载对水库地震的影响，取决于水库荷载的大小及有效影响深度。对最初报道的一些水库地震震例进行研究时，一些学者认为是库水的重压作用引起了水库地震。但后来研究人员发现，库水作为一种附加荷载，与地层自重相比，增量是非常微小的，除非处于临界状态的断层环境中，否则不可能引起深部地应力的较大变化，从而也就很难引发水库地震。近来有人认为水库荷载的作用首先表现为因局部重力值的增加而引起库盆的不均匀下沉，在最大沉降部位四周产生引张应力，出现裂缝，为库水下渗创造了条件，同时也为表层岩块向库盆中心运动提供了动力，从而引发了地震。

2. 孔隙水压力的作用

水库蓄水后，库基岩体中的孔隙水压力升高，作用在软弱结构面上的有效应力减小，抗剪强度也随之降低，从而使岩体沿着这些软弱结构面发生错动。此外，孔隙水压力还可能产生较大的楔裂作用，加速微裂纹的扩展，为库水的渗透和扩散创造条件。

3. 水对库基岩石的物理化学作用

水库库坝区断层、节理密集带等不均匀特征的存在，则有利于水体的渗透，导致库基岩体中孔隙水压的变化以及其他物理、化学性质变化。与水库地震关系密切的物理化学作用主要有以下几种。

（1）泥化、软化和润滑作用。库水的渗入可促使构造破碎带中软弱结构面的物质软化和泥化，并起润滑作用，降低软弱结构面的强度和摩擦系数。泥化作用主要发生在错动带附近，泥化夹层的变化取决于水文地质条件及泥化夹层的成分和结构。软化作用取决于岩石的孔隙大小、胶结程度以及含泥和亲水矿物的多少。

（2）应力腐蚀作用。应力腐蚀作用也称为水化作用，是指在地下水和应力的持续作用下，矿物的结合力遭到削弱，结构强度降低，最后在应力场或重力场的作用下，裂隙的形成过程加速。在库水位不太高时，应力腐蚀作用可能是一种诱发地震的机制。

（3）冻裂作用。欧洲阿尔卑斯山区有一些高山水库，在严寒季节，当库水位急剧下降时，由于围岩渗透性较差，滞留在库边近地表裂隙中的水因突然被暴露于寒冷的空气中，冻结成冰，体积增大，使裂隙扩展，形成微震。

（4）岩溶管道中水的静力和动力作用。水库地震与碳酸盐岩地区的相关性十分显著，许多研究者将此归因于岩溶洞穴的集水和导水性能，并认为库水可以沿岩溶管道下渗到很大深度，有利于深部应力的释放。

4. 微震诱发地震

已知震例中，较强的水库地震（3级以上地震）发生之前，都有大量微震，即有非常丰富的前震为主引起岩体微破裂的发展，既为库水的渗透和扩散提供了条件，又有利于岩体中微破裂的贯通，形成较大的破裂，从而为释放更大规模已积累的应变能创造条件。

　　水库地震的诱发机制是多因子的复杂过程。各种诱发因素的作用是互相联系的，综合产生作用，水体荷载使某些断面上的正应力有所降低，利于水的渗透。水的渗透对岩石可产生软化作用，而软化作用更有利于水的渗透，有助于孔隙水压力效应的发展。研究表明，库水的作用，利于产生倾向和走向滑动，一般不利于产生逆断层滑动；但断层内有效应力和湿断层内抗剪强度降低到很小时，亦有利于（断层浅部）产生逆断层滑动。

6.2.3　水库地震的类型和特点

1．水库地震的类型

　　水库地震不是单一类型的地震，在成因、性质和特征方面，有些震例大致相同，有的则差异很大。因此，学者们从不同的角度将水库地震划分为不同的类型。目前，对水库地震大致可以从以下三个方面进行分类。

　　（1）根据成因的不同，可将水库地震分为三种类型：①构造型：由于蓄水导致地壳上层（数百 m 至 3～5 km，极少数可达 10 km）的区域地应力场发生变化，从而改变了某些地块构造运动原先的进程，引起水库及其邻区地震活动性的明显变化，称为内成成因的水库地震，如中国广东的新丰江水库、印度的柯依纳水库等。②非构造型：由于蓄水改变了外力地质作用的条件，导致地表（0 m 至数百 m）局部范围内不良自然地质作用加剧，岩体或岩块相对位移或遭受破坏，所伴生的地震现象称为外成成因的水库地震。具体可分为岩溶塌陷型、滑坡崩塌型、冻裂型、地壳表层卸荷型等，其中最为典型的是岩溶塌陷性水库地震，如中国贵州的乌江渡水库、湖南的黄石水库等。③混合型：在蓄水过程中，在同一库段或水库的不同地段，同时或先后出现几种成因类型不同的水库地震，它们之间可能相互影响，也可能互不联系。

　　（2）根据反应时间不同，可将水库地震分为三种类型：①快速响应型：水库开始蓄水或水库水位的迅速变化，地震活动频率立即增加。快速响应型地震是地壳在水压力作用下产生弹性形变而诱发的。②滞后响应型：水库已经蓄水运行了一段时期后才出现主要的地震活动。滞后响应型地震是在水的渗透过程中，孔隙压力增加，有效应力降低而诱发的。③延续型：水库运行多年后，库区仍然保持原有的地震活动频率和强度。滞后响应型地震活动主要源于孔隙压力向地幔层传播，而快速响应型则与地质弹性应力及应力变化有关。

　　（3）根据地震序列特征不同，可将水库地震分为两种类型：①前震－主震－余震型：在蓄水开始后首先有微震、小震活动，然后发生主震，最后为余震活动。构造型水库地震多为前震－主震－余震型。②震群型：水库蓄水后出现地震活动，震级较小，没有明显的主震，但可有几个活动高潮期。非构造型水库地震多为震群型。

2．水库地震的特点

　　水库地震有别于一般构造地震，是一种独特的地震类型。在时间、空间、强度和序列特征及震源机制等方面具有自己的特点。

(1) 在空间上，水库地震的震中主要分布在水库及其周围，一般距水域线 10 km 以内。集中分布在水库的峡谷库段（如新丰江和丹江口水库等）或基岩裸露区，贮水盆地则几乎没有地震。震中密集在一定的范围内，空间上的重复率甚高。震源深度很浅，一般在 5 km 以内。由于震源深度浅，因此震中区的烈度偏高。

(2) 在时间上，发震与水库蓄水密切相关。一般蓄水后一个月或数月开始出现微震，一年或几年后发生主震。如新丰江水库和参窝水库分别在蓄水后 1 个月和 3 个月出现微震，2 年零 5 个月和 2 年零 1 个月后发生主震。不过应当说明，每个水库的蓄水过程长短不一，同时发震部位不一样，加之地质条件上的差异，因此从开始蓄水到发震以及到发生主震的时间间隔就不尽相同。

(3) 在强度上，多数属微震，少数发生强震。但由于震源浅，水库地震的震中烈度一般均较同震级天然构造地震高，不少 M_S 为 2~3 级的诱发地震的震中烈度就达 Ⅴ 度，3 级以上诱发地震震中烈度达 Ⅵ 度的例子亦不少，对水利工程的安全造成很大威胁。已有统计表明，目前水库地震的最高震级为 6.5 级，震中烈度达 Ⅷ 度。水库地震的频度和强度随时间的延长呈明显的下降趋势。

(4) 从震型来看，天然构造地震均为主震-余震型。构造型水库地震的震型一般为前震-主震-余震型，余震活动持续时间较长，余震频繁，衰减缓慢，强度亦高，如我国的新丰江水库的余震活动时间长达 20 多年。而非构造型水库地震一般为震群型，其持续时间较短，一般为数月或数年，分不出哪是前震，哪是主震或余震。

(5) 地震活动与库水位有一定的相关性。这种对应关系主要表现在三个方面：①水库水位变化的速度、幅度和高水位持续时间直接影响到地震活动的频度、强度和活跃时段的持续时间；②水位周期性动态变化与地震活动时间序列上的活跃时段和平静时段的交替出现有关；③主震往往发生在某一高水位附近，特别是第一次高水位。在水库发生地震的早期阶段，两者的相关性表现得较明显，而在后期则较差。

6.2.4　水库地震的地震地质条件

水库地震的形成需要一定的条件，除与水库的库水位变化情况有关外，还与库区的地质条件有关，主要包括组成库盆的岩体性质、构造断裂和水文地质条件等。

1. 水库地震与岩体性质的关系

已有水库地震震例的分析表明，水库地震的发震概率与岩性有关，震级的大小与岩体的强度有关。其中，火成岩、片麻岩等块状岩体的发震概率和震级最高，M_S6.0 级以上强震震中大多位于这类岩石分布地区，说明岩体强度越高，积累的应变能就越大，一旦岩体破裂，释放的能量也就越大；其次为碳酸盐岩岩体，主要由于其岩溶、洞穴发育受到库水位变动的影响，易产生岩溶塌陷性地震，故其震级以弱震或微震为主；目前尚未发现由松软岩体（第四系堆积物）组成库盆的水库地震震例。从岩体强度来看，坚硬的块状岩体受力后易产生脆性断裂（如构造破碎带等），诱发水库地震震级就高；半坚硬的层状岩体受力后有可能产生部分塑性变形（褶皱与破裂等），诱发水库地震的震级就低；松软岩体受力后则产生压缩变形，不易产生破裂而诱发地震。因此，库区的岩体性质应作为水库地震的地质基础。

2. 水库地震与地质构造条件的关系

水库地震一般多发生在断裂构造较多的地区。岩体中的不连续结构面有构造作用形成的节理、裂隙、断裂破碎带及火成岩的侵入接触带，还有沉积作用形成的沉积岩的层面、不整合面和火成岩的原生节理面，以及碳酸盐岩类地层中的溶洞、暗河等。破裂面不仅是产生水库地震的震源破裂的因素，也是库水得以渗透扩散的基本条件。只有破裂面构成向深部集中渗透时，才能诱发中、强地震。上述各类结构面中，只有规模较大的构造破碎带才能满足这种条件，而一般裂隙或断裂带只可能诱发微震或弱震。因此，库区的构造条件，主要是构造断裂带的规模与渗透特性起作用。

3. 水库地震与水文地质条件的关系

水库蓄水后，水库水头压力使库水与地下水发生紧密联系，从而增加岩体内部的渗透压力。由于水的渗透，使深部岩体的性质发生变化，降低断层面的抗剪强度，增强断裂带的活动性，降低断裂带的稳定程度，使岩体中的断裂带再发生错动而诱发地震。因此，水库地震的发生取决于水的渗透条件和所产生的水力学效应。水的渗透特性受库区内水文地质条件的影响，主要由岩体内裂隙的分布和渗透性、岩溶的发育程度和分布状况所决定。

4. 水库地震的工程地质类型

夏其发等（2012）根据水库的岩性、构造及水文地质条件，将水库地震的工程地质条件分为四大类型，不同类型的特征及可能的诱震强度如表 6.2 所示。

表 6.2　水库地震的工程地质类型表

类型	类型名称		地质条件	可能的诱震强度
Ⅰ	松散岩体		第四系或新近系松软岩体	诱震可能性极小
Ⅱ	层状岩体	Ⅱa 裂隙层状岩体	沉积岩中的砾岩、砂岩、页岩，变质岩中的片岩、板岩、千枚岩等；裂隙发育，无大规模现代活动断裂层或虽有断裂但没形成向深部的导水通道，只具有表层（发育深度小于 0.5 km）或浅层（发育深度 0.5～2 km）水文地质结构面	以微震为主
		Ⅱb 断裂层状岩体	库盆由层状岩体组成；有较大的现代活动断裂通过并构成库水向深部渗透的通道，具有浅层或深层（发育深度 2～10 km）水文地质结构面	弱震或中强震

类型	类型名称		地质条件	可能的诱震强度
Ⅲ	块状岩体	Ⅲa 裂隙块状岩体	火成岩、片麻岩、巨厚层块状沉积岩；裂隙发育，无大规模现代活动断裂层或虽有断裂但没形成向深部的导水通道，只具有表层或浅层水文地质结构面	微震或弱震
		Ⅲb 断裂块状岩体	库盆由块状岩体组成；有较大的现代活动断裂通过并能使库水向深部产生集中渗透，形成深水文地质结构面	中等强度或烈度的地震
Ⅳ	岩溶岩体	Ⅳa 裂隙（洞穴）岩溶岩体	库区岩溶发育；无大规模现代活动断裂层通过，库水沿裂隙或岩溶通道渗透，未形成向深部的导水通道，相当于表层或浅层水文地质结构面	微震或弱震
		Ⅳb 断裂岩溶岩体	除了岩溶通道或裂隙的渗透外，还有沿现代活动断裂层形成的集中渗透通道，可能形成浅层或深层水文地质结构面	弱震或中强震，也可能有个别强震

由于库盆的范围较大，大多数水库都由不同的岩体组成，所以一座水库可能属于几种地质类型。因此，可根据水库地质条件，按不同地质岩体类型分别进行研究，但应抓住其主要的、可能产生诱发地震的类型进行重点研究，并做出评价。

6.2.5 水库地震的对策

水库地震具有靠近水库和大坝、震源浅、地震活动持续时间长等特点，对大坝及库岸稳定以及库区人民的生命财产安全均存在重大威胁。我国正在兴建很多高库大坝，对于可能诱发的水库地震，需要采取正确的对策。

在水库修建以前，应采取一切可行的措施，以减轻水库地震的威胁。在水库勘测和设计阶段，应对重点库段进行水库地震危险性评价，拟定抗震措施；在水库蓄水前后，进行库区地震活动的监测；当蓄水后发生地震时，应判别是否属于水库地震，并对地震活动趋势进行预测，论证大坝等水工建筑物采取补充抗震措施的必要性，并提出具体措施。

1. 水库地震的危险性评价

水库地震的危险性评价包括水库地震可能性的评价和水库地震强度的评价。在水库的勘测设计阶段，最为重要的是合理估算水库地震的可能震级和最大可能震级，为工程的抗震设计提供相应的参数。目前，估算可能最大震级的方法有工程类比法、地震地质类比法、经验公式法以及数学模型法等。

（1）工程类比法。当所研究工程的地质构造环境和地震地质条件与其他已发生水库地震的工程类似时，取后者的最大震级作为本工程可能发生的水库地震最大震级。工程类比法适用于可行性评价阶段。

（2）地震地质类比法。结合工程的区域构造稳定性研究和水库区工程地质调查的结果，从实际存在的发震环境出发，对整个库区进行工程地质分区。在此基础上，按其不同的工程地质类型、不同等级的水文地质结构面或不同的岩溶水文地质结构，与表 6.2 进行类比，确定可能的发震类型及最大震级强度。

（3）经验公式法。通过对工程区域已发生的强烈地震与实测的破裂长度进行统计拟合，得到震级与破裂长度的相关公式，以此对水库地震震级进行初步预测。公式的表达形式如下：

$$M = A \log L + B \tag{6-3}$$

式中 L 为断层破裂长度，A、B 为待定系数。

（4）数学模型法。20 世纪 70 年代以来，一些研究者不断将各种数学模型引入水库地震的研究之中，这些模型大致可分为解析法模型、数值模拟模型、统计预测模型、模糊数学和灰色系统模型以及神经网络模型。

上述估算方法主要用于水库的勘测设计阶段。在水库蓄水后，如果诱发了水库地震，则根据新的情况评价其可能的发展趋势，核算或重新估算可能达到的最大震级，为选择安全合理的抗震对策提供依据。

2. 水库地震的监测

在水库蓄水或大规模施工之前在库区建立工程专用地震监测台网，对水库蓄水前后库区地震活动进行监测，并分析蓄水前后地震的分布和强度的变化，对于判断是否存在水库诱发地震和分析地震发展趋势，具有重要的意义。蓄水后，如库区出现震情异常，可在震中区增设临时流动台网，进行短期机动观测，收集更为详尽的地震资料，为判断地震活动的性质和可能发展趋势提供依据。

除地震监测外，与水库地震研究有关的监测项目还有断层位移监测、库盆形变测量、地下水位监测等。

3. 水库大坝的抗震设防

对于设计的高坝大库，以及其他在地震区及存在发水库诱发地震危险的水库都应进行抗震设防。统计表明，按照世界最新技术设计建造的优良工程都表现出良好的抗震性能。迄今，世界上尚无由于地震摧毁一座大型水库的实例，所以，水库抗震设防可以发挥减轻地震灾害的作用。

若大坝设计时未对地震设防，或者抗震设防标准较低，当库区出现比较严重的地震活动时，不论是否属于水库诱发地震，都应考虑对大坝进行加固的必要性和可能性。如新丰江水库，在勘测设计大坝时，有关部门提供的地震基本烈度为Ⅵ度，因此大坝原设计没有考虑抗震设防问题，采用敞开的单支墩式大头坝型。1962 年新丰江水库出现频繁地震活动，最大地震烈度为Ⅵ度，有关部门立即决定对大坝进行加固。考虑到新丰江坝为单支墩大头坝，故加固工程在于提高大坝在地震作用时的整体稳定性，增强横向刚度和顺河向抗滑稳定性。加固工程即将竣工之际，在距大坝约 1 km 处发生了 6.1 级地震，坝址区地震烈度达到烈度。大坝产生一定破损，但整体保持稳定，证明加固工程达到预期的目的。在 6.1 级地震以后，为了确保工程安全，还进行了第二期加固和人防加固工程。

4. 水库地震活动频繁时的应急对策

当水库蓄水之后，库区出现频繁地震活动时，为了减轻水库地震对工程的破坏，避免发生严重的后果，可以考虑限制水库正常高水位和控制水库水位增长的速度，尽量防止水库水位持续迅速猛涨，降低诱发大震的危险性。苏联努列克水库的情况恰恰相反，即较大的地震都紧跟在突然停止蓄水或迅速放水之后。水库放水越快，持续时间越久，越易于导致地震增强。由此可见，采取这种对策时，要对本水库的地震活动与水库水位的变化关系进行具体分析后有计划地进行。要权衡这种对策的利弊与经济得失，不宜草率从事。

随着震情的发展，有时还应采取其他对策，如疏散水库下游的人口，修建防洪排涝工程，紧急救灾，应对库区道路受破坏而出现的困难，等等。

第7章 地下水与环境岩土工程

7.1 地下水位与环境岩土工程的关系

7.1.1 环境对地下水位的影响

1. 温室效应引起的水位上升

近年来，大气温室效应及其对全社会各个领域的影响，越来越引起人们的注意。长期以来，人类不加节制地、大规模地伐木燃煤、燃烧石油及石油产品，释放出大量的二氧化碳，工农业生产也排放出大量甲烷等派生气体，地球的生态平衡在无意识中遭到破坏，致使气温不断上升。温室效应使得全球暖化，这在加长降雨历时、增大降雨强度的同时，加速了海洋中冰雪的消融，促使海平面上升。

海平面的上升，加上地面径流的增加，将导致地下水位的上升。处于这种情况下有必要对各类工程的影响程度做出分析和评估。这对于该方面的研究或设计，无疑是有益的。

2. 人类活动引起的地下水位的降低

随着世界人口的不断增长和工农业生产的不断发展，今天人类不得不面对全球性缺水这样一个严重的环境问题。长期以来，人类在发展过程中，在改造自然的同时，没有注意对环境的保护，大量淡水资源被污染，使得原先就很有限的水资源越发不能满足人们的需要。在许多地区，地下水被人类不合理地开采。地下水的开采地区、开采层次、开采时间过于集中，集中过量地抽取地下水，使地下水的开采量大于补给量，导致地下水位不断下降，漏斗范围亦相应地不断扩大。由于开采设计上的错误或工业、厂矿布局不合理和水源地过分集中，也常导致地下水位的过大和持续下降。据上海的观测，由于地下水位下降引起的最大沉降量已达 2.63 m。

除了人为开采外，其他许多因素也能引起地下水位的降低，如对河流进行人工改道，上游修建水库、筑坝截流或上游地区新建或扩建水源地，截夺了下游地下水的补给量；矿床疏干、排水疏干、改良土壤等。另外，工程活动如降水工程、施工排水等也能造成局部地下水位下降。

7.1.2　地下水位变化引起的岩土工程问题

1. 地下水位上升引起的工程环境问题

（1）浅基础地基承载力降低。研究表明，无论是砂性土还是黏性土地基，其承载能力都具有随地下水位上升而下降的趋势。由于黏性土具有黏聚力的内在作用，故相应承载力的下降率较小，最大下降率在 50% 左右，而砂性土的最大下降率可达 70%。

（2）砂土地震液化加剧。地下水与砂土液化密切相关，没有水，也就没有所谓砂土的液化。经研究发现，随着地下水位上升，砂土抗地震液化能力随之减弱，在上覆土层厚度为 3 m 的情况下，地下水位从埋深 6 m 处上升至地表时，砂土抗液化的能力降低可达 74% 左右。地下水位埋深在 2 m 左右为砂土的敏感影响区。这种浅层降低影响，基本上是随着土体含水量的提高而加大，随着上覆土层的浅化而加剧的。

（3）建筑物震陷加剧。首先，对饱和疏松的细粉砂地基土而言，在地震作用下，因砂土液化，使得建在其上的建筑物产生附加沉降，即发生所谓的液化震陷。分析得到，地下水位上升的影响作用为：①对产生液化震陷的地震动荷因素和震陷结果起放大作用。当地下水位由分析单元层中点处开始上升至地表时，将地震作用足足放大了一倍。当地下水位从埋深 3 m 处上升至地表时，6 m 厚的砂土层所产生的液化震陷值增大倍数的范围为 2.9~5。②砂土越疏松或初始剪应力越小，地下水位上升对液化震陷影响越大。其次，对于大量的软弱黏性土而言，地下水位上升既促使其饱和，又扩大其饱和范围，这种饱和黏性土的土粒空隙中充满了不可压缩的水体，本身的静强度就较低，故在地震作用下，在短瞬间即产生塑性剪切破坏，同时产生大幅度的剪切变形，该结果可达到砂土液化震陷值的 4~5 倍之多，甚至超过 10 倍。

海南某地一建在细砂地基上的堤防工程，砂层厚 4.5 m，地下水埋深 2 m，当地下水位上升 0.5 m 或 1 m 时，地基承载力则从 320 kPa 降至 310 kPa 或 270 kPa，降低率为 6% 或 19%，而砂土的液化程度，则从轻微液化变为近乎中等液化或已为中等液化。液化震陷量的增加率达 6.9% 或 14.1%。在地基设计中，必须考虑由地下水位上升引起的这些削弱方面。

（4）土壤沼泽化、盐渍化。当地下潜水位上升至接近地表时，由于毛细作用结果，使地表土层过湿呈沼泽化或者由于强烈的蒸发浓缩作用，使盐分在上部岩土层中积聚成盐渍土，这不仅改变了岩土原来的物理性质，而且改变了潜水的化学成分。矿化度增高，增强了岩土及地下水对建筑物的腐蚀性。

（5）岩土体产生变形、滑移、崩塌失稳等不良地质现象。在河谷阶地、斜坡及岸边地带，地下潜水位或河水位上升时候，岩土体浸润范围增大，浸润程度加剧，岩土被水饱和、软化，降低了抗剪强度；地表水位下降时，向坡外渗流，可能产生潜蚀作用及流沙、管涌等现象，破坏了岩土体的结构和强度。地下水的升降变化还可能增大动水压力。以上种种因素，促使岩土体产生变形、崩塌、滑移等。因此，在河谷、岸边、斜坡地带修建建筑物时，应特别重视地下水位的上升、下降变化对斜坡稳定性的影响。

(6) 地下水的冻胀作用的影响。在寒冷地区，地下潜水位升高，地基土中含水量亦增多。由于冻胀作用，岩土中水分往往迁移并集中分布，形成冰夹层或冰锥等，使地基上产生冻胀、地面隆起、桩台隆胀等。冻结状态的岩土体具有较高强度和较低压缩性，但温度升高岩土解冻后，其抗压和抗剪强度大大降低。对于含水量很大的岩土体，融化后的黏聚力约为冻胀时的 1/10，压缩性增高，可使地基产生融沉，易导致建筑物失稳开裂。

(7) 对建筑物的影响。当地下水位在基础底面以下压缩层范围内发生变化时，就将直接影响建筑物的稳定性。若水位在压缩层范围内上升，水浸湿、软化地基土，使其强度降低、压缩性增大，建筑物就可能产生较大的沉降变形。地下水位上升还可能使建筑物基础上浮，使建筑物失稳。

(8) 对湿陷性黄土、崩解性岩土、盐渍岩土的影响。当地下水位上升后，水与岩土相互作用，湿陷性黄土、崩解性岩土、盐渍岩土产生湿陷、崩解、软化，其岩土结构被破坏，强度降低，压缩性增大，导致岩土体产生不均匀沉降，引起其上部建筑物的倾斜、失稳、开裂和地面或地下管道被拉断等现象。尤其对结构不稳定的湿陷性黄土的影响更为严重。

(9) 膨胀性岩土产生胀缩变形。在膨胀性岩土地区，浅层地下水多为上层滞水或裂隙水，无统一的水位，且水位季节性变化显著，地下水位季节性升、降变化或岩土体中水分的增减变化，可促使膨胀性岩土产生不均匀的胀缩变形。当地下水位变化频繁或变化幅度大时，不仅岩土的膨胀收缩变形往复，而且胀缩幅度也大。地下水位的上升还能使坚硬岩土软化、水解、膨胀、力学强度降低，产生滑坡（沿裂隙面）、地裂、坍塌等不良地质现象，引起建筑物的损坏。因此对膨胀性岩土的地基评价应特别注意对场区水文地质条件的分析，预测在自然及人类活动下水文地质条件的变化趋势。

2. 地下水位下降引起的岩土工程问题

地下水位下降往往会引起地表塌陷、地面沉降、海水入侵、地裂缝的产生和复活以及地下水源枯竭、水质恶化等一系列不良地质问题，并将对建筑物产生不良的影响。

(1) 地表塌陷。塌陷是地下水动力条件改变的产物，水位降深与塌陷有密切的关系。水位降深小，地表塌陷坑的数量少，规模小；当降深保持在基岩面以上且较稳定时，不易产生塌陷；降深增大，水动力条件急剧改变，水对土体的潜蚀能力增强，地表塌陷坑的数量增多，规模增大。

(2) 地面沉降。由于不断地抽汲地下水，导致地下水位巨幅下降，引起区域性地面沉降。国内外地面沉降的实例表明抽汲液体引起液压下降使地层压密是导致地面沉降的普遍和主要的原因。国内有些地区，由于大量抽汲地下水，已先后出现了严重的地面沉降。如 1921—1965 年间，上海地区的最大沉降量已达 2.63 m；20 世纪 70 年代初到80 年代初的 10 年时间内，太原市最大地面沉降已达 1.232 m。地下水位不断降低而引发的地面沉降越来越成为一个亟待解决的环境岩土工程问题。

(3) 海（咸）水入侵。近海地区的潜水或承压水层往往与海水相连，在天然状态下，陆地的地下淡水向海洋排泄，含水层保持较高的水头，淡水与海水保持某种动平衡，因而陆地淡水含水层能限制海水的入侵。如果大量开采陆地地下淡水，引起大面积的地下水位下降，可导致海水向地下水开采层入侵，使淡水水质变坏，并加强水的腐蚀性。

（4）地裂缝的复活与产生。近年来，我国不仅在西安、关中盆地发现地裂缝，而且在山西、河南、江苏、山东等地也发现地裂缝。据分析，地下水位大面积、大幅度下降是发生地裂缝的重要诱因之一。

（5）地下水源枯竭，水质恶化。当地下水开采量大于补给量时，地下水资源就会逐渐减少，以至枯竭，造成泉水断流，井水枯干，地下水中有害离子含量增多，矿化度增高。

（6）对建筑物的影响。当地下水位升降变化只在地基基础底面以下某一范围内发生变化时，对地基基础的影响不大，地下水位的下降仅稍增加基础的自重。当地下水位在基础底面以下压缩层范围内发生变化时，若水位在压缩层范围内下降，岩土的自重应力增加，可能引起地基基础的附加沉降。如果土质不均匀或地下水位突然下降，也可能使建筑物发生变形破坏。

7.2 砂土液化

7.2.1 砂土液化的基本概念

粒间无内聚力的松散砂体，主要靠粒间摩擦力维持本身的稳定性和承受外力。当受到振动时，粒间剪力使砂粒间产生滑移，改变排列状态。如果砂土原处于非紧密排列状态，就会有变为紧密排列状态的趋势，如果砂的孔隙是饱水的，要变密实就需要从孔隙中排出一部分水。如砂粒很细则整个砂体渗透性不良，瞬时振动变形需要从孔隙中排出的水来不及排出于砂体之外，结果必然使砂体中孔隙水压力上升，砂粒之间的有效正应力就随之而降低。当孔隙水压力上升到使砂粒间有效正应力降为零时，砂粒就会悬浮于水中，砂体也就完全丧失了强度和承载能力，变成液体一样的状态，这就是砂土液化。

砂土液化后，孔隙水在超孔隙水压力作用下自下向上运动。如果砂土层上部没有渗透性更差的覆盖层，地下水即大面积溢于地表；如果砂土层上部有渗透性更弱的黏性土层，当超孔隙水压力超过盖层强度，地下水就会携带砂粒冲破盖层或沿盖层裂隙喷出地表，产生喷水冒砂现象。地震、爆炸、机械振动等都可以引起砂土液化现象，尤其是地震引起的液化现象范围更广、危害性更大。

砂土液化引起的破坏主要有以下几种。

（1）涌砂。涌出的砂掩盖农田，压死作物，使沃土盐碱化、砂质化，同时造成河床、渠道、井筒等淤塞，使农业灌溉设施受到严重损害。

（2）地基失效。随着粒间有效正应力的降低，地基土层的承载能力也迅速下降，甚至砂体呈悬浮状态时地基的承载能力完全丧失。建于这类地基上的建筑物就会产生强烈沉陷、倾倒甚至倒塌。日本新潟1964年的地震引起的砂土液化，由于地基失效使建筑物倒塌2130所，严重破坏6200所，轻微破坏31000所。1976年唐山地震时，天津市新港望河楼建筑群，由于地基失效突然下沉 38 cm，倾斜度达 30%。

（3）滑塌。由于下伏砂层或敏感黏土层震动液化和流动，可引起大规模滑坡。这类滑坡可以产生在极缓甚至水平场地。

（4）地面沉降及地面塌陷。饱水疏松砂因振动而变密，地面随之下沉，低平的滨海湖平原可因下沉而受到海潮及洪水的浸淹，使之不适于作为建筑物地基。1964 年阿拉斯加地震时，波特奇市即因震陷量大而受海潮浸淹，迫使该市迁址。地下砂体大量涌出地表，使地下的局部地带被掏空，则往往出现地面局部塌陷，例如 1976 年唐山地震时，宁河县富庄全村下沉 2.6~2.9 m，塌陷区边缘出现大量宽 1~2 m 的环形裂缝，全村变为池塘。

7.2.2　砂土液化的形成条件

区域性砂土液化的形成条件主要包括砂土层本身和地震两个方面。砂土层本身方面，一般认为砂土的成分、结构及饱水砂层的埋藏条件这几个方面具备一定条件时易于液化；地震方面主要是地震的强烈程度和持续时间。

1. 砂土特性

对地层液化的产生具有决定性作用的，是土在地震时易于形成较高的剩余孔隙水压力。高的剩余孔隙水压力形成的必要条件，一是地震时砂土必须有明显的体积缩小从而产生孔隙水的排水；二是向砂土外的排水滞后于砂体的振动变密，即砂体的渗透性能不良，不利于剩余孔隙水压力的迅速消散，于是随荷载循环的增加孔隙水压力因不断累积而升高。通常以砂土的相对密度和砂土的粒径和级配来表征砂土的液化条件。

（1）砂土的相对密度。一般而言，松砂极易完全液化，而密砂则经多次循环的动荷载后也很难达到完全液化。也就是说，砂的结构疏松是液化的必要条件。目前较普遍采用的表征砂土的疏密界限的定量指标是相对密度 D_r。

$$D_r = \frac{e_{max} - e}{e_{max} - e_{min}} \qquad (7-1)$$

式中：e 为土的天然孔隙比；e_{max} 和 e_{min} 分别为该土的最大、最小孔隙比。

砂土的相对密度越低，孔隙率越大，越容易液化。

（2）砂土的粒度和级配。砂土的相对密度低并不是砂土地震液化的充分条件，有些颗粒比较粗的砂，相对密度虽然很低但却很少液化。分析邢台、通海和海城砂土液化时喷出的 78 个砂样表明，粉、细砂占 57.7%，塑性指数小于 7 的粉土占 34.6%，中粗砂及塑性指数为 7~10 的粉土仅占 7.7%，而且全部发生在Ⅺ度烈度区。所以具备一定粒度成分和级配是一个很重要的液化条件。

试验资料证实，随着砂土平均粒径（d_{50}，即相当于累积含量 50% 的粒径）的减小，砂土的渗透性迅速降低，使得剩余孔隙水压力难于消散。因此，细颗粒砂土较容易液化，平均粒径在 0.1 mm 左右的粉细砂抗液化性最差。

2. 饱水砂土层的埋藏条件

只有当剩余孔隙水压力大于砂粒间有效应力时才产生液化，而砂土层中有效应力的大小由饱水砂层埋藏条件确定，包括地下水埋深及砂层上的非液化黏性土层厚度这两类条件。砂土的上覆非液化盖层愈厚，土的上覆有效应力愈大，就愈不容易液化。另外，地下水埋深愈浅，则愈易液化。

从饱水砂层的成因和时代来看，具备上述的颗粒细、结构疏松、上覆非液化盖层薄和地下水埋深浅等条件，而又广泛分布的砂体，主要是近代河口三角洲砂体和近期河床堆积砂体，其中河口三角洲砂体是造成区域性砂土液化的主要砂体。已有的大区域砂土地震液化实例，主要形成于河口三角洲砂体内。

3. 地震强度及持续时间

引起砂土液化的动力是地震加速度。地震愈强，加速度愈大，则愈容易引起砂土液化。简单评价砂土液化的地震强度条件的方法是按不同烈度评价某种砂土液化的可能性。例如，根据观测得出，在Ⅶ、Ⅷ、Ⅸ度烈度区可能液化的砂土的 d_{50} 分别为 0.05～0.15、0.03～0.25 和 0.015～0.5 mm。亦即地震烈度愈高，可液化的砂土的平均粒径范围愈大。又如，烈度愈高，可液化砂土的相对密度值也愈大。

从地震的持续时间来看，振动时间愈长，或振动次数愈多，就愈容易液化。

7.2.3 砂土液化的判别方法

砂土发生振动液化的基本条件在于饱和砂土的结构疏松和渗透性相对较低，以及振动的强度大和持续时间长。是否发生喷水冒砂还与盖层的渗透性、强度，砂层的厚度，以及砂层和潜水的埋藏深度有关。因此，对砂土液化可能性的判别一般分两步进行。首先根据砂层时代和当地地震烈度进行初判。然后，对已初步判别为可能发生液化的砂层再作进一步判定。

1. 砂土液化的初判

饱和的砂土或粉土（不含黄土），当符合下列条件之一时可初步判别为不液化或可不考虑液化影响。

（1）地质年代为第四系晚更新世（Q₃）或其以前时，地震烈度Ⅶ度以下可判为不液化。

（2）粉土的黏粒（粒径小于 0.005 mm 的颗粒）含量百分率，地震烈度Ⅶ度、Ⅷ度和Ⅸ度分别不小于 10、13 和 16 时，可判为不液化土。

（3）天然地基的建筑，当上覆非液化土层厚度和地下水位深度符合下列条件之一时，可不考虑液化影响：

$$d_{\mathrm{u}} = d_0 + d_{\mathrm{b}} - 2 \tag{7-2}$$

$$d_{\mathrm{w}} = d_0 + d_{\mathrm{b}} - 3 \tag{7-3}$$

$$d_{\mathrm{u}} + d_{\mathrm{w}} = 1.5d_0 + 2d_{\mathrm{b}} - 4.5 \tag{7-4}$$

式中：

d_{w}——地下水位深度（m），宜按设计基准期内年平均最高水位采用，也可按近期内年最高水位采用；

d_u——上覆非液化土层厚度（m），计算时宜将淤泥和淤泥质土层扣除；

d_b——基础埋置深度（m），不超过 2 m 时应采用 2 m；

d_0——液化土特征深度（m），可按表 7.1 采用。

表 7.1　液化土特征深度（m）

饱和土类别	地震烈度		
	Ⅶ	Ⅷ	Ⅸ
粉土	6	7	8
砂土	7	8	9

2. 砂土液化的进一步判定

当初步判别有可能液化或需考虑液化影响时，应进行以现场测试为主的进一步判定。主要方法有标准贯入试验判别、静力触探试验判别和剪切波速试验判别，其中以标准贯入试验判别简便易行而最为通用。

（1）标准贯入试验判别。当初步判别认为需进一步进行液化判别时，应采用标准贯入试验判别法判别地面下 15 m 深度范围内的液化；当采用桩基或埋深大于 5m 的深基础时，尚应判别 15～20 m 范围内土的液化。当饱和土标准贯入锤击数（未经杆长修正）小于液化判别标准贯入锤击数临界值时，应判为液化土。

在地面下 15 m 深度范围内，液化判别标准贯入锤击数临界值可按下式计算：

$$N_{cr} = N_0 [0.9 + 0.1(d_s - d_w)] \sqrt{3/\rho_c} \qquad (7-5)$$

在地面下 15～20 m 深度范围内，液化判别标准贯入锤击数临界值可按下式计算：

$$N_{cr} = N_0 (2.4 - 0.1 d_w) \sqrt{3/\rho_c} \qquad (7-6)$$

式中：

N_{cr}——液化判别标准贯入锤击数临界值；

N_0——液化判别标准贯入锤击数基准值，按表 7.2 采用；

d_s——饱和土标准贯入点深度（m）；

d_w——地下水位深度（m）；

ρ_c——黏粒含量百分比，当小于 3 或为砂土时，取用 3。

表 7.2　标准贯入锤击数基准值

设计地震分组	地震烈度		
	Ⅶ	Ⅷ	Ⅸ
第一组	6（8）	10（13）	16
第二、三组	8（10）	12（15）	18

注：括号内数值分别用于基本地震加速度为 0.15g（Ⅶ度）和 0.30g（Ⅷ度）的地区。

（2）静力触探试验判别。当采用静力触探试验对地面下 15 m 深度范围内的饱和砂土或饱和粉土进行液化判别时，可按式（7-7）和式（7-8）分别计算饱和土液化静力触探比贯入阻力和锥尖阻力临界值。当实测值小于临界值时，可判定为液化土。

$$p_{scr} = p_{s0}\alpha_w \cdot \alpha_u \cdot \alpha_p \qquad (7-7)$$

$$q_{ccr} = q_{c0}\alpha_w \cdot \alpha_u \cdot \alpha_p \qquad (7-8)$$

$$\alpha_w = 1 - 0.065(d_w - 2) \qquad (7-9)$$

$$\alpha_u = 1 - 0.05(d_u - 2) \qquad (7-10)$$

式中：

p_{scr}、q_{ccr}——分别为饱和土液化静力触探比贯入阻力和锥尖阻力临界值（MPa）；

p_{s0}、q_{c0}——分别为 $d_w = 2$ m、$d_u = 2$ m 时，饱和土液化判别比贯入阻力和液化判别锥尖阻力基准值（MPa），可按表 7.3 取值；

α_w——地下水位埋深影响系数，地面常年有水且与地下水有水力联系时，取 1.13；

α_u——上覆非液化土层厚度影响系数，对于深基础 $\alpha_u = 1$；

d_w——地下水位深度（m）；

d_u——上覆非液化土层厚度（m），计算时宜将淤泥和淤泥质土层扣除；

α_u——上覆非液化土层厚度影响系数；

α_p——与静力触探摩阻比有关的土性修正系数，按表 7.4 取值。

表 7.3　液化判别 p_{s0} 及 q_{c0} 值

基准值	地震烈度		
	Ⅶ	Ⅷ	Ⅸ
p_{s0}（MPa）	5.0～6.0	11.5～13.0	18.0～20.0
q_{c0}（MPa）	4.6～5.5	10.5～11.8	16.4～18.2

表 7.4　土层综合影响系数 α_p 值

土类	砂土	粉土	
静力触探摩阻比 R_f	$R_f \leqslant 0.4$	$0.4 < R_f \leqslant 0.9$	$R_f > 0.9$
α_p	1.0	0.6	0.45

（3）剪切波速试验判别，地面下 15 m 深度范围内的饱和砂土或饱和粉土，其实测剪切波速值 v_s 大于按式（7-11）计算的土层剪切波速临界值 v_{scr} 时，可判别为不液化。

$$v_{scr} = v_{s0}\sqrt{(d_s - 0.0133d_s^2)(1 - 0.185d_w/d_s)}\sqrt{3/\rho_c} \qquad (7-11)$$

式中：

v_{scr}——饱和土液化剪切波速临界值（m/s）；

v_{s0}——与地震烈度、土类有关的经验系数，可按表 7.5 取值；

d_s——剪切波速测点深度（m）；

d_w——地下水位深度（m）。

表 7.5　与地震烈度、土类有关的经验系数液化判别 v_{s0}（MPa）

土类	地震烈度		
	Ⅶ	Ⅷ	Ⅸ
砂土	65	95	130
粉土	45	65	90

此外，还可以用理论计算对砂土液化进行判别。最常用的理论计算判别是由 H. B 希德所提出的判别方法及准则，即根据土的动三轴试验求出的应力比（即最大动循环剪应力 τ_{max} 与初期围限压力 τ_a 之比）和某一深度土层的实际应力状态，计算出能引起该砂土层液化的剪应力 τ，实际上此剪应力就相当于该砂土层抗剪液化的抗剪强度。如果求得的值小于据地震加速度求得的等效平均剪应力，则可能液化。

7.2.4　砂土液化的防护措施

在可能受到强烈地震影响的河口三角洲、冲积平原或古河床进行建筑布置时，必须采取砂土液化的防护措施。这些措施包括选择良好场地、采用人工改良地基或选用合适的基础形式和基础深度。

1. 良好场地的选择

应尽量避免将未经处理的液化土层作为地基持力层，故应选表层非液化盖层厚度大、地下水埋藏深度大的地区作为建筑场地。计算上覆非液化盖层和不饱水砂层的自重压力，如其值大于等于液化层的临界盖重，则属符合要求的场地。

为避免滑塌危害，应以地表地形平缓、液化砂层下伏底板岩土体平坦无坡度者为宜。

选择液化均匀且轻微的地段，比选择液化层厚度不均一的为好。

2. 人工改良地基

采取措施消除液化可能性或限制其液化程度，主要有增加盖重、换土、增加可液化砂土密实程度和加速孔隙水压力消散等措施。

（1）增加盖重。通过增加填土厚度，使饱水砂层顶面的有效压重大于可能产生液化的临界压重。例如，1964 年日本新潟地震时强烈液化的 C 区，有的建筑物建于原地面上填有 3 m 厚的填土层上，周围建筑物损坏严重而此建筑物则无损害。

（2）换土。适用于表层处理，一般在地表以下 3～6 m 有易液化土层时可以挖除回填，以压实粗砂。

（3）改善饱水砂层的密实程度。主要方法有爆炸振密法、强夯与碾压法、水冲振捣回填碎石桩法。

爆炸振密法一般用于处理土坝等底面相当大的建筑物的地基。在地基范围内每隔一定距离埋炸药，群孔起爆使砂层液化后靠自重排水沉实。对均匀、疏松的饱水中细砂效果良好。

强夯与碾压是指在松砂地基表面采用夯锤或振动碾压机加固砂层，能提高砂层的相对密度，增强地基抗液化能力。

水冲振捣回填碎石桩法（振冲法）是一种软弱地基的深加固方法，对提高饱和粉、细砂土抗液化能力效果较好，可使砂土的 D_r 增到 0.80，且回填的碎石桩有利于消散孔隙水压力。

（4）消散剩余孔隙水压力。主要采用排渗法，在可能液化的砂层中设置砾渗井，使砂层在振动时迅速将水排出，以加速消散砂层中累积增长的孔隙水压力，从而抑制砂层液化。

（5）围封法。修建在饱和松砂地基上的坝或闸层，可在坝基范围内用板桩、混凝土截水墙、沉箱等将可液化砂层截断封闭，以切断板桩外侧液化砂层对地基的影响，增加地基内土层的侧向压力。建筑物以下被围封起来的砂层，由于建筑物的压力大于有效覆盖层压力而不致液化。所以此法也是防止砂土液化的有效措施。

3. 基础形式选择

在有液化可能性的地基上建筑，不能将建筑物基础置于地表或埋于可液化深度范围之内。如采用桩基，宜用较深的支承桩基或管柱基础，浅摩擦桩的震害是严重的。层数较少的建筑物可采用筏片基础，并尽量使荷载分布均匀，以便地基液化时仅产生整体均匀下沉，这样就可以避免采用昂贵的桩基。建于液化地基上的桥梁，往往因墩台强烈沉陷造成桥墩折断，最好选用管柱基础为宜。

7.3 地下水污染

7.3.1 地下水污染的概念

在人类活动影响下，某些污染物质、微生物或热能以各种形式通过各种途径进入地下水体，使水质恶化，影响其在国民经济建设与人民生活中的正常利用，危害人民健康，破坏生态平衡，损害优美环境的现象，统称为"地下水污染"。

地下水污染的表现形式包括：地下水中出现了本不应该存在的各种有机化合物（如合成洗涤剂、去污剂、有机农药等）；天然水中含量极微的毒性金属元素（如汞、铬、镉、砷铅及某些放射性元素）大量进入地下水中；各种细菌、病毒在地下水体中大量繁殖，其含量远超出国家饮用水水质标准的界限指标；地下水的硬度、矿化度、酸度和某些常规离子含量不断增加，以至大幅度超过了规定的使用标准。

引起地下水污染的各种物质或能量，称为"污染物"。地下水污染物大致可分为下列三大类：

（1）无机污染物。常量组分中，最普通的污染物有 NO_3^-、Cl^-、硬度和可溶固形物等。微量非金属组分主要有砷、磷酸盐、氟化物等。微量金属组分主要有铬、汞、镉、锌、铁、锰、铜等。

（2）有机污染物。目前在地下水中已检出的有酚类化合物、氰化物及农药等。

（3）病原体污染物。目前在已污染的地下水中经常检出的是非致病的大肠杆菌，还有致病的伤寒沙门氏杆菌、呼吸道病的吉贺杆菌和肝炎菌 A 等。

各种污染的来源，或者该来源的发源地，称为"污染源"。地下水污染源通常可归纳为以下四类：

（1）生活污染源，主要是城市生活污水和生活垃圾。

（2）工业污染源，主要是工业污水和工业垃圾、废渣、腐物，其次是工业废气、放射性物质。

（3）农业污染源，主要是农药、化肥、杀虫剂、污水灌溉的返水及动物废物。

（4）环境污染源，主要是天然咸水含水层、海水，其次是矿区疏干地层中的易溶物质。

污染物从污染源进入地下水中所经历的路线或者方式，称为"污染途径"或"污染方式"。地下水污染途径是复杂多样的，大致可分为三类，即通过包气带渗入、由地表水侧向渗入和由集中通道直接注入。

（1）通过包气带渗入，指污染物通过包气带向地下水面垂直下渗。如污水池、垃圾填埋场等。其污染程度主要取决于包气带岩层的厚度、包气带岩性对污染物的吸附和自净能力、污染物的迁移强度。

（2）由地表水侧向渗入，指被污染的地表水从水源地外围侧向进入地下含水层，或海水入侵到淡水含水层。污染程度取决于含水介质的结构、水动力条件和水源地距地表水体的距离。

（3）由集中通道直接注入。集中通道包括天然通道和人为通道。天然通道指与污染源相通的各种导水断裂、岩溶裂隙带及隔水顶板缺失区（天窗），一般多呈线状或点状分布，可使埋深较大的承压水体受到污染。人为通道指在各种地下工程、水井的施工中，因破坏了含水层隔水顶、底板的防污作用，使工程本身构成了劣质水进入含水层的通道。

地下水在复杂多样的污染途径中，具体污染方式可以归纳为直接污染和间接污染两种方式。直接污染是地下水的污染物直接来源于污染源，污染物在污染过程中，其性质没有改变。这是地下水污染的主要方式，比较容易发现污染来源及污染途径。间接污染指地下水污染物在污染源中含量并不高或不存在，它是污染过程中的产物。这种污染方式是一个复杂的渐变过程，由于人为活动引起地下水硬度升高即属此类。

地下水污染的危害体现在：减少了地下水可采资源的数量；影响了人体的健康；损害了工业产品的质量；改变了土壤的性质，使农作物大幅度减产；增加了水处理成本。

7.3.2 地下水污染的调查和监测

做好地下水污染调查和监测工作，掌握污染物在地下水系统中的运移和分布规律，对于保护地下水具有重要的意义。

在自然条件下，受地质、地貌、土壤、植被等要素分带性的影响，产生了地下水的区域性地球化学分带，不同地区的水质状况也具有明显的地带性特征；而且在一定的流域内，水中物质按区域地下水流方向由上游向下游有规律地迁移、扩散。在人为因素影响下，地下水的原生水文地球化学环境受到干扰和破坏，水质成分日趋复杂，水中溶质在空间和时间上的非均质性增强。由于超量开采地下水，降落漏斗大量出现，地下水水流方向变化很大。地下水被污染后，水中污染物在平面上的迁移、扩散规律发生很大变化，非线性特征十分显著。因此，在这些地区进行地下水水质监测，必须精确绘制开采条件下的等水位线图，正确掌握污染物在空间和时间上的迁移分布规律，以便制定有效的防治对策和措施。

地下水污染监测的对象不仅仅是含水层本身，还包括污染物排放源的监测和潜水位以上包气带的监测。包气带对于地下水污染具有特殊的作用，它既对含水层起着保护作用，又是地下水污染的二次污染源。包气带土颗粒的吸附过滤作用使污水在下渗的过程中得到一定程度的净化，从而对含水层起到了防护作用。然而，包气带中积存的大量污染物，又使它成为向下伏含水层输送污染物的释放源。在这种情况下，即使地表污染源清除掉，地下水污染仍不能得到有效治理。因此，在地下水污染监测过程中，必须从地表污染源、包气带到含水层进行全方位的系统监测，全面分析研究地下水水溶液在这一系统内的时空分布和转化规律，为根治地下水污染提供科学的依据。

7.3.3 地下水污染的防治措施

地下水污染的防治是一项综合性很强的系统工程。在地下水未被污染之前，必须建立地下水水源地防护带等各种工程来保护良好的地下水环境。如水源地邻近的地下水已受到污染或水质不符合水质标准，必须采取物理、化学、生物化学或综合方法等处理以使水质达到要求。

1. 地下水污染的预防

地下水一旦遭受污染，其治理是非常困难的。因此，保护地下水资源免遭污染应以预防为主。合理的开采方式是保护地下水水质的基本保证。尤其在同时开采多层地下水时，对半咸水、咸水、卤水层、已受污染的地下水、有价值的矿水层以及含有有害元素的介质层的地下水均应适度开采或禁止开采；对于报废水井应做善后处理，以防水质较差的浅层水渗透到深层含水层中；用于回灌的水源应严格控制水质。

为了更好地预防地下水污染，还必须加强环境水文地质工作，加强对各类污染源的监督管理。依靠技术进步，改革工艺，提高废、污水的净化率、达标率及综合利用率。定点、保质、限量排放各种废、污水。

2. 地下水污染的治理

污染物进入含水层后，一方面随着地下水在含水层中的整体流动而发生渗流迁移，另一方面则因浓度差而发生扩散迁移。浓度差存在于水流的上、下游之间或地下水与含水层固体颗粒之间。地下水污染治理的对象包括地下水中发生渗流迁移的污染物和固体颗粒表面所吸附的污染物。其基本原理就是人为地为地下水污染物创造迁移、转化条件，使地下水水质得到净化。

　　地下水污染治理的基本程序是，首先将地表污染源切断以形成封闭的地下水污染系统，然后向该污染系统注入某种物质，促使地下水水质转化。根据地下水污染物的迁移转化机理，常用的方法有水力梯度法和浓度梯度法。

　　（1）水力梯度法。

　　水力梯度法就是通过人为加大地下水水力梯度，提高地下水的流动速度并使水流方向发生改变，最终迫使被污染的地下水流出水源开采区。人为改变地下水水力梯度可视不同的地质条件通过排水或注水两种方式来实现。地下水排水点的位置应设置在污染源处，以尽量把浓度高的污水抽出并在地面进行净化处理。注水点的位置应设置在污染源下游方向并尽可能靠近污染源，通过抬高地下水水位来阻断污染物继续向下游方向运移。排水或注水的深度和宽度应与地下水在垂直方向和水平方向上污染带的宽度相匹配，以提高治理效果。排水量和注水量的确定则以满足一定的水力梯度的要求为宜。应该注意的是，注水水质必须符合要求，以免引起不可逆的副作用。

　　（2）浓度梯度法。

　　浓度梯度法就是采用物理学、化学或生物学的方法，在被污染的地下水含水层中形成新的化学不平衡，使污染物由高浓度处快速向低浓度处扩散迁移，从而达到治理地下水的目的。浓度梯度法主要用于治理含水层中固体颗粒表面吸附的污染物。物理法的原理是人为降低水溶液中污染物的浓度，使固态物质表面吸附的污染物解吸迁移至水溶液中。化学法则是向水溶液中加入处理剂，通过处理剂与污染物的化学反应来降低水溶液中和固态物质表面吸附的污染物。生物法主要是利用微生物或某种植物选择性地吸收、分解特定污染物的原理，在水溶液中培植或投放这些生物来降低污染物的浓度。

第8章 特殊性土与环境岩土工程

特殊土是指某些具有特殊物质成分和结构，赋存于特殊环境中，易产生不良工程地质问题的区域性土，如黄土、膨胀土、盐渍土、软土、冻土、红土等。当特殊土与工程设施或工程环境相互作用时，常产生特殊土地质灾害，故常把特殊土称为"问题土"，意即特殊土在工程建设中容易产生地质灾害或工程问题。

中国地域辽阔，自然地理条件复杂，在许多地区分布着区域性的、具有不同特性的土层。深入研究它们的成因、分布规律和地质特征、工程地质性质，对于解决在这些特殊土上进行建设时所遇到的工程地质问题，并采取相应的工程措施及合理确定特殊土发育地区工程建设的施工方案，避免或减轻灾害损失，提高经济和社会效益具有重要的意义。本章主要介绍湿陷性黄土、膨胀土、盐渍土、软土、冻土等特殊土。

8.1 湿陷性黄土

8.1.1 湿陷性黄土的定义和成因

1. 湿陷性黄土的定义

黄土是以粉粒为主，富含碳酸盐，具大孔隙，质地均一，无层理而具垂直节理的第四系黄色松散粉质土堆积物，具有一系列独特的内部物质成分、外部形态特征和工程力学性质，不同于同时期的其他沉积物。国内外一些地质界黄土工作者，根据成因将黄土划分为黄土和黄土状土两大类。其中，凡以风力搬运沉积又没有经过次生扰动的大孔隙、无层理、黄色粉质的土状沉积物称为黄土（也称原生黄土），其他成因的、黄色的、常具有层理和夹有砂、砾石层的土状沉积物称为黄土状土（也称次生黄土）。黄土和黄土状土广泛分布于亚洲、欧洲、北美和南美洲等地的干旱和半干旱地区，面积约为 1.3×10^7 km²，约占地球陆地总面积的 9.8%。

黄土在天然含水量条件下，往往具有较高的强度和较低的压缩性。但有的黄土在上覆地层自重压力或在自重压力与建筑物荷载共同作用下，受水浸湿后土的结构迅速被破坏，产生显著的附加下沉，其强度也随之明显降低，这种黄土称为湿陷性黄土。而有的黄土在任何条件下受水浸湿却并不发生湿陷，则称为非湿陷性黄土。

中国黄土分布面积约 $64×10^4$ km²，在北方尤其具有广泛的分布，东北平原、新疆、山东等地均有分布。其中湿陷性黄土的分布面积约占总面积的 60% 左右，主要分布于北纬 34°～41°、东经 102°～114°之间的年降雨量在 200～500 mm 的黄河中游广大地区。此外，在山东中部、甘肃河西走廊、西北内陆盆地、东北松辽平原等地也有零星分布，但一般面积较小，且不连续。

非湿陷性黄土与一般黏性土的工程特性无异，可按一般黏性土地基进行考虑；而湿陷性黄土与一般黏性土不同，不论作为建筑物的地基、建筑材料或地下结构的周围介质，其湿陷性都会对建筑物和环境产生很大的不利影响，必须予以特别考虑。因此，分析、判别黄土是否属于湿陷性的及其湿陷性强弱程度、地基湿陷类型和湿陷等级，是黄土地区工程勘察与评价的核心问题。

2. 黄土湿陷性的形成原因

黄土在自重或建筑物附加压力作用下，受水浸湿后结构迅速被破坏而发生显著附加下沉的性质，称为湿陷性。所谓显著附加下沉，是指黄土在压力和水的共同作用下发生的特殊湿陷变形，其变形远大于正常的压缩变形。黄土在干燥时具有较高的强度，而遇水后表现出明显的湿陷性，这是由黄土本身特殊的成分和结构所决定的。

从矿物成分来看，黄土的矿物成分主要是石英（含量常超过 50%）、长石（含量常达 25% 以上）、碳酸盐（主要是碳酸钙，含量为 10%～15%）、黏土矿物（含量一般只有 15% 左右）。此外，还有少量的云母和重矿物，至于易溶盐、中溶盐和有机物的含量都少，一般都不超过 2%。

从颗粒组成来看，黄土基本上是由粒径小于 0.25 mm 的颗粒组成的，尤以 0.01～0.1 mm 的颗粒为主。粉粒（0.005～0.05 mm）含量常超过 50%，甚至达 60%～70%，且其中主要是 0.01～0.05 mm 的粗粉粒；砂粒（>0.05 mm）含量较少，很少超过 20%，且其中主要是 0.05～0.1 mm 的微砂；黏粒（<0.005 mm）含量变化较大，一般为 5%～35%，最常见为 15%～25%。

从结构排列和联结情况看，黄土由石英和长石（还有少量的云母、重矿物和碳酸钙）的微砂和粗粉粒构成基本骨架，其中砂粒基本上常互相不接触，浮在以粗粉粒所组成的架空结构中。以石英和碳酸钙等的细粉粒作为填充料，聚集在较粗颗粒之间。以高岭石和水云母为主（还有少量的腐殖质和其他胶体）的黏粒和所吸附的结合水以及部分水溶盐作为胶结材料，依附在上述各种颗粒的周围，将较粗颗粒胶结起来，形成大孔和多孔的结构形式（见图 8.1）。

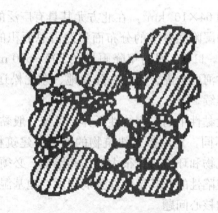

图 8.1　黄土结构示意图

　　黄土的这种特殊结构形式是在干燥气候条件下形成和长期变化的产物。黄土在形成时是极松散的，靠颗粒的摩擦或在少量水分的作用下略有联结。水分逐渐蒸发后，体积有些收缩，胶体、盐分、结合水集中在较细颗粒周围，形成一定的胶结联结。经过多次的反复湿润干燥过程，盐分累积增多，部分胶体陈化，胶结联结逐渐加强而形成上述较松散的结构形式。由于胶结材料的成分、数量和胶结形式不同，黄土在水和压力作用下的表现就不一样。

　　综上所述，黄土的成分和结构上的基本特点是：以石英和长石组成的粉粒为主，矿物亲水性较弱，粒度细而均一，联结虽较强但不抗水；未经很好压实，结构疏松多孔，大孔性明显。所以，黄土具有明显的遇水联结减弱，结构趋于紧密的倾向。根据近年来国内外学者对黄土湿陷本质的研究，认为黄土的湿陷是因水分的增加削弱了粒间联结，导致黄土中的孔隙急剧而大量破坏造成的。

3. 黄土湿陷性的影响因素

　　黄土湿陷性强弱与其微结构特征、颗粒组成、化学成分等因素有关。在同一地区，土的湿陷性又与其天然孔隙比和天然含水量有关，并取决于浸水程度和压力大小。

　　根据对黄土微结构的研究，黄土中骨架颗粒的大小、含量和胶结物的聚集形式，对于黄土湿陷性的强弱有着重要的影响。骨架颗粒愈多，彼此接触，则粒间孔隙大，胶结物含量较少，成薄膜状包围颗粒，粒间联结脆弱，因而湿陷性愈强；相反，骨架颗粒较细，胶结物丰富，颗粒被完全胶结，则粒间联结牢固，结构致密，湿陷性弱或无湿陷性。

　　从组成成分来看，黄土中黏土粒的含量愈多，并均匀分布在骨架颗粒之间，则具有较大的胶结作用，土的湿陷性愈弱。黄土中的盐类，如以较难溶解的碳酸钙为主而具有胶结作用时，湿陷性减弱，而石膏及易溶盐含量愈大，湿陷性愈强。

　　影响黄土湿陷性的主要物理性质指标为天然孔隙比和天然含水量。当其他条件相同时，黄土的天然孔隙比愈大，则湿陷性愈强。实际资料表明，西安地区的黄土，如 $e<0.9$，则一般不具湿陷性或湿陷性很小；兰州地区的黄土，如 $e<0.86$，则湿陷性一般不明显。此外，黄土的湿陷性随其天然含水量的增加而减弱。

　　在一定的天然孔隙比和天然含水量情况下，黄土的湿陷变形量将随浸湿程度和压力的增加而增大，但当压力增加到某一个定值以后，湿陷量却又随着压力的增加而减少。

黄土的湿陷性从根本上与其堆积年代和成因有密切关系。黄土的湿陷性一般是自地表向下逐渐减弱，埋深七八米以上的黄土湿陷性较强。按成因而言，风成的原生黄土及暂时性流水作用形成的洪积、坡积黄土均具有的孔隙性，且可溶盐未及充分溶滤，故均具有较大的湿陷性，而冲积黄土一般湿陷性较小或无湿陷性。对于同一堆积年代和成因的黄土的湿陷性强烈程度还与其所处环境条件有关。如在地貌上的分水岭地区，地下水位深度愈大的地区的黄土，湿陷性愈大；埋藏深度愈小而土层厚度愈大的，湿陷影响愈强烈。

8.1.2　湿陷性黄土的判定

1. 黄土湿陷性的判别

判别黄土是否具有湿陷性，可根据室内压缩试验，在一定压力下测定的湿陷系数来判定。湿陷系数是指天然土样单位厚度的湿陷量，按下式计算：

$$\delta_s = \frac{h_p - h'_p}{h_0} \tag{8-1}$$

式中：

δ_s——湿陷系数；

h_p——保持天然湿度和结构的土样，加压至一定压力时，下沉稳定后的高度（mm）；

h'_p——上述加压稳定后的土样，在浸水（饱和）作用下，下沉稳定后的高度（mm）；

h_0——土样的原始高度（mm）。

我国根据大量室内试验、野外测试和建筑物实际调查，以湿陷系数 0.015 作为划分湿陷性与非湿陷性黄土的界限值。当湿陷系数小于 0.015 时，定为非湿陷性黄土；当湿陷系数大于等于 0.015 时，定为湿陷性黄土。

湿陷性黄土的湿陷程度，可根据湿陷系数 δ_s 大小分为下列三种：

当 $0.015 \leqslant \delta_s \leqslant 0.03$ 时，湿陷性轻微；

当 $0.03 < \delta_s \leqslant 0.07$ 时，湿陷性中等；

当 $\delta_s > 0.07$ 时，湿陷性强烈。

2. 黄土的湿陷类型与判别

湿陷性黄土又分为自重湿陷性黄土和非自重湿陷性黄土。凡在上覆地层自重应力下受水浸湿发生湿陷的，叫自重湿陷性黄土。凡在上覆地层自重应力下受水浸湿不发生湿陷，只有在土自重应力和由外荷所引起的附加应力共同作用下受水浸湿才发生湿陷的叫非自重湿陷性黄土。

将单位厚度的土样在该试样深度处上覆土层饱和自重压力作用下所产生的湿陷变形定义为自重湿陷系数，黄土的湿陷类型可根据自重湿陷系数进行判定。

$$\delta_{zs} = \frac{h_z - h'_z}{h_0} \qquad\qquad (8-2)$$

式中：

δ_{zs}——自重湿陷系数；

h_z——保持天然湿度和结构的土样，加压至土的饱和自重压力时，下沉稳定后的高度（mm）。

h'_z——上述加压稳定后的土样，在浸水（饱和）作用下，下沉稳定后的高度（mm）；

h_0——土样的原始高度（mm）。

当自重湿陷系数小于 0.015 时，定为非自重湿陷性黄土；当自重湿陷系数大于等于 0.015 时，定为自重湿陷性黄土。

将湿陷性黄土划分为自重湿陷性黄土和非自重湿陷性黄土对工程建筑的影响具有明显的现实意义。例如在自重湿陷性黄土地区修筑渠道初次放水时就产生地面下沉，两岸出现与渠道平行的裂缝；管道漏水后由于自重湿陷可导致管道折断；路基受水后由于自重湿陷而发生局部严重坍塌；地基土的自重湿陷往往使建筑物发生很大的裂缝或使砖墙倾斜，甚至使一些很轻的建筑物也受到破坏。而在非自重湿陷性黄土地区这类现象极为少见。所以在这两种不同湿陷性黄土地区建筑房屋，采取的地基设计、地基处理、防护措施及施工要求等方面均有较大区别。

3. 建筑场地的湿陷类型与判别

建筑场地或地基的湿陷类型，应按试坑浸水试验实测自重湿陷量或按室内压缩试验累计的计算自重湿陷量判定。

现场试坑浸水试验判别建筑场地湿陷类型的方法虽然比较直接反映现场情况，但由于耗用水量较多，浸水时间较长（一个月以上），有时不具备浸水试验条件，有的受工期限制，故只有对新建地区的甲、乙类重要的建筑工程才宜进行，而对一般工程只用计算自重湿陷量判定。

计算自重湿陷量应根据不同深度土样的自重湿陷系数，按下式计算：

$$\Delta_{zs} = \beta_0 \sum_{i=1}^{n} \delta_{zsi} h_i \qquad\qquad (8-3)$$

式中：

Δ_{zs}——自重湿陷量（mm）；

δ_{zsi}——第 i 层土的自重湿陷系数；

h_i——第 i 层土的厚度（mm）；

β_0——因地区土质而异的修正系数，在缺乏实测资料时，可按下列取值：陇西地区取 1.5，陇东、陕北地区取 1.2，关中地区可取 0.7，其他地区取 0.5。

计算自重湿陷量的累计，应自天然地面（当挖、填方的厚度和面积较大时，自设计地面）算起，至其下全部湿陷性黄土层的底面为止，其中自重湿陷系数小于 0.015 的土层不累计。

根据自重湿陷性黄土地区的建筑物调查资料，当地基自重湿陷量在 70 mm 以内时，建筑物一般无明显破坏待征，或墙面裂缝稀少，不影响建筑物的正常使用。因此，以 70 mm 作为判别建筑场地湿陷类型的界限值。当实测或计算自重湿陷量小于或等于 70 mm 时，定为非自重湿陷性黄土场地。当实测或计算自重湿陷量大于 70 mm 时，定为自重湿陷性黄土场地。

4. 地基的湿陷等级

由若干个具有不同湿陷系数的黄土层所组成的湿陷性黄土地基，它的湿陷程度是由这些土层被水浸湿后可能发生湿陷量的总和来衡量的。总湿陷量愈大，湿陷等级愈高，地基浸水后建筑物和地面的变形愈严重，对建筑物的危害也愈大。因此，对不同的湿陷等级，应采取相应不同的设计措施。

地基的总湿陷量，按下式计算：

$$\Delta_z = \sum_{i=1}^{n} \beta \delta_{si} h_i \tag{8-4}$$

式中：

Δ_{zs}——计算湿陷量（mm）；

δ_{si}——第 i 层土的湿陷系数；

h_i——第 i 层土的厚度（mm）；

β——考虑基底下地基土受水浸湿可能性和侧向挤出等因素的修正系数，在缺乏实测资料时，可按下列取值：基底下 0~5 m 深度内取 1.5，基底下 5~10 m 深度内取 1.0，基底下 10 m 以下至非湿陷性黄土层顶面，在自重湿陷性黄土场地，可取工程所在地区的 β_0 值。

总湿陷量的计算深度应自基础地面算起（如基底标高不确定时，自地面下 1.5 m）。在非自重湿陷性黄土场地，累计至基底下 10 m 深度（或地基主要压缩层）止；在自重湿陷性黄土场地，累计至非湿陷性土层顶面止；其中湿陷系数（10 m 以下为自重湿陷系数）小于 0.015 的土层不累计。

应该指出，总湿陷量是假定建筑物地基在规定的压力作用下充分浸水时的湿陷变形，它没有考虑地基与建筑物的共同作用。而且建筑物地基可能发生的湿陷变形取决于很多因素，如浸水概率、浸水方式、浸水时间、浸入地基的水量、基础面积、基础形式和基底压力大小等，所以总湿陷量只是近似地反映了地基土的湿陷程度，而并非是建筑物地基的实际可能湿陷量。

湿陷性黄土地基的湿陷等级，应根据湿陷量的计算值和自重湿陷量的计算值等因素进行判定，见表 8.1。

表 8.1　湿陷性黄土地基的湿陷等级

湿陷量计算值 Δ_z（mm）	自重湿陷量 Δ_{zs}（mm）		
	$\Delta_{zs} \leqslant 70$	$70 < \Delta_{zs} \leqslant 350$	$\Delta_{zs} > 350$
$\Delta_z \leqslant 300$	Ⅰ（轻微）	Ⅱ（中等）	—
$300 < \Delta_z \leqslant 700$	Ⅱ（中等）	Ⅱ（中等）或Ⅲ（严重）	Ⅲ（严重）
$\Delta_{zs} > 700$		Ⅲ（严重）	Ⅳ（很严重）

8.1.3 湿陷性黄土的危害

湿陷性黄土因其湿陷变形量大、速率快、变形不匀等特征，往往使工程设施的地基产生大幅度的沉降或不均匀沉降，从而造成建筑物开裂、倾斜，甚至破坏。

1. 建筑物地基湿陷灾害

建筑物地基若为湿陷性黄土，在建筑物使用中因地表积水或管道、水池漏水而发生湿陷变形，加之建筑物的荷载作用更加重了黄土的湿陷程度，常表现为湿陷速度快和非均匀性，使建筑物地基产生不均匀沉陷，破坏了建筑基础的稳定性及上部结构的完整性。

例如西宁市南川锻件厂的数十栋楼房，因地基湿陷均遭到不同程度的破坏。1号楼在施工中受水浸湿，一夜之间建筑物两端相对沉降差达 16 cm，地下室尚未建成便被迫停建报废。厂区由于地下水位上升，造成大部分房屋因地基湿陷而损坏，其中最大沉降差达 61.6 cm，最大裂缝宽度达 10 cm。类似的例子在湿陷性黄土地区不胜枚举。

在湿陷性黄土分布区，尤其是黄土斜坡地带，经常遇到黄土陷穴。这种陷穴经常使工程建筑遭受破坏，如引起房屋下沉开裂、铁路路基下沉等。这种陷穴可使地表水大量潜入路基和边坡，严重者导致路基坍滑。由于地下暗穴不易被发现，经常在工程建筑物刚刚完工交付使用便突然发生倒塌事故。湿陷性黄土区铁路路基有时因暗穴而引起轨道悬空，造成行车事故。为了保证建筑物基础的稳定性，常常需要花费大量的物力、财力对湿陷性黄土地基进行处理。如西安市建筑物黄土地基的处理费用一般占工程总费用的4%～8%，个别建筑场地甚至高达30%。

2. 渠道湿陷变形灾害

黄土分布区一般气候比较干燥，为了进行农田灌溉、给城市和工矿企业供水，常修建引水工程。但是，由于某些地区黄土具有显著的自重湿陷性，因此水渠的渗漏常引起渠道的严重湿陷，导致渠道破坏。

在中国陇西和陕北黄土高原有不少渠道工程受到渠道自重湿陷变形的破坏。如甘肃省修一座堤灌工程，在引水灌溉十多年之后，有的地段下沉 0.8～1 m，不少分水闸、泄水闸和泵站等因湿陷而破坏，不得不投入资金多次重建。

8.1.4 湿陷性黄土的防治措施

防止或减少建筑物地基浸水湿陷的设计措施，可分为地基处理措施、防水措施和结构措施三种。对于湿陷性黄土地基的处理，应采用以地基处理为主的综合治理方法，防水措施和结构措施一般用于地基不处理或消除地基部分湿陷量的建筑，以弥补地基处理的不足。

1. 地基处理措施

地基处理是对建筑物基础一定深度内的湿陷性黄土层进行加固处理或换填非湿陷性土，达到消除湿陷性、减小压缩性和提高承载能力的方法。在湿陷性黄土地区，通常采用的地基处理方法有重锤表层夯实（强夯）、垫层、挤密桩、灰土垫层、预浸水、土桩压实爆破、化学加固和桩基、非湿陷性土替换法等。

对于某些水工建筑物，防止地表水渗入几乎是不可能的，此时可以采用预浸法。如对渠道通过的湿陷性黄土地段预先放水，使之浸透水分而先期发生湿陷变形，然后通过夯实碾压再修筑渠道以达到设计要求，在重点地区可辅之以重锤夯实。

2. 防水措施

防水措施是防止或减少建筑物地基受水浸湿而采取的措施。这类措施有：平整场地，以保证地面排水通畅；做好室内地面防水设施，室外散水、排水沟，特别是开挖基坑时，要注意防止水的渗入；切实做到上下水道和暖气管道等用水设施不漏水；等等。

3. 结构措施

减少或调整建筑物的不均匀沉降，或使结构适应地基的变形。

8.2　膨胀土

8.2.1　膨胀土的定义及成因

膨胀土是指含有大量的强亲水性黏土矿物成分，具有显著的吸水膨胀和失水收缩且胀缩变形往复可逆的高塑性黏土。①粒度组成中黏粒（粒径小于 0.002 mm）含量大于30%。②黏土矿物成分中，伊利石、蒙脱石等强亲水性矿物占主导地位。③土体湿度增高时，体积膨胀并形成膨胀压力；土体干燥失水时，体积收缩并形成收缩裂缝。④膨胀、收缩变形可随环境变化往复发生，导致土的强度衰减。⑤属液限大于 10% 的高塑性土。具有上述②、③、④项特征的黏土类岩石称膨胀岩。

膨胀土一般强度较高，压缩性低，易被误认为工程性能较好的土，但由于具有膨胀和收缩特性，在膨胀土地区进行工程建筑，如果不采取必要的设计和施工措施，会导致大批建筑物的开裂和损坏，并往往造成坡地建筑场地崩塌、滑坡、地裂等严重的不稳定因素。因此，有人称其为"隐藏的灾难"。

膨胀土的分布很广，遍及亚洲、非洲、欧洲、大洋洲、北美洲及南美洲的 40 多个国家和地区。全世界每年因膨胀土湿胀干缩灾害造成的经济损失达 50 亿美元以上。中国是世界上膨胀土分布最广、面积最大的国家之一，全国有 21 个省（区）发育有膨胀土。

膨胀土的成因类型，大致可分为两大类：①各种母岩的风化产物，经水流搬运沉积形成的洪积、湖积、冲积和冰水沉积物。②热带、亚热带母岩的化学风化产物残留在原地或在坡面水作用下沿山坡堆积形成的残积物和坡积物。因此，膨胀土的分布与地貌关系密切。如我国膨胀土大都分布在河流的高阶地、湖盆和倾斜平原及丘陵剥蚀区。

8.2.2　膨胀土的特征及其判别

1. 膨胀土的工程地质特征

（1）地貌特征：多分布在二级及二级以上的阶地和山前丘陵地区，个别分布在一级阶地上，呈垄岗-丘陵和浅而宽的沟谷，地形坡度平缓，一般坡度小于 12°，无明显的自然陡坎。在流水冲刷作用下的水沟、水渠，常易崩塌、滑动而淤塞。

（2）结构特征：膨胀土多呈坚硬/硬塑状态，结构致密，呈棱形土块者常具有膨胀性，棱形土块越小，膨胀性越强。土内分布有裂隙，斜交剪切裂隙越发育，胀缩性越严重。此外，膨胀土多为细腻的胶体颗粒组成，断口光滑，土内常包含钙质结核和铁锰结核，呈零星分布，有时也富集成层。

（3）地表特征：分布在沟谷头部、库岸和路堑边坡上的膨胀土常易出现浅层滑坡；新开挖的路堑边坡，旱季常出现剥落，雨季则出现表面滑塌。膨胀土分布地区还有一个特点，即在旱季常出现地裂缝，长可达数十米至近百米，深数米，雨季闭合。

（4）地下水特征：膨胀土地区多为上层滞水或裂隙水，无统一水位，随着季节水位变化，常引起地基的不均匀膨胀变形。

2. 膨胀土的物理力学性质

膨胀上是一种黏性土。黏粒（粒径小于 0.005 mm）含量高，一般高达 35% 以上，而且多数在 50% 以上，其中粒径小于 0.002 mm 的胶粒含量一般在 30%～40%。膨胀土的矿物成分特征是富含膨胀性的黏土矿物，如蒙脱石、伊利石/蒙脱石的混层黏土矿物。

由于膨胀土的黏粒含量高，而且以蒙脱石或伊利石/蒙脱石混层矿物为主，因此液限和塑性指数都很高，摩擦强度虽低，但黏聚力大，常因吸水膨胀而使其强度衰减；膨胀土具有超固结性，开挖地下洞或边坡时往往因超固结应力的释放而出现大变形。

3. 膨胀土的胀缩性指标

膨胀土及膨胀土地基的胀缩性，一般采用自由膨胀率、膨胀率、收缩系数和膨胀力等来衡量。

（1）自由膨胀率。人工制备的烘干土，在水中增加的体积和原体积的比称为自由膨胀率，按下式计算：

$$\delta_{ef} = \frac{V_w - V_0}{V_0}$$
（8-5）

式中：

δ_{ef}——自由膨胀率；

V_w——土样在水中膨胀稳定后的体积（cm³）。

V_0——土样的原始体积（cm³）。

自由膨胀率可用来定性地判别膨胀土及其膨胀潜势。

（2）膨胀率。在一定压力下，浸水膨胀稳定后，试样增加的高度与原高度的比称为膨胀率，按下式计算：

$$\delta_{ep} = \frac{h_w - h_0}{h_0} \tag{8-6}$$

式中：

δ_{ep}——膨胀率；

h_w——土样浸水膨胀稳定后的高度（mm）；

h_0——土样的原始高度（mm）。

膨胀率可用来评价地基的胀缩等级，计算膨胀土地基的变形量以及测定膨胀力。

（3）收缩系数。不扰动土试样在直线收缩阶段，含水量减少1％时的竖向线缩率称为收缩系数，按下式计算：

$$\lambda_s = \frac{\Delta\delta_s}{\Delta w} \tag{8-7}$$

式中：

λ_s——收缩系数；

Δw——收缩过程中直线变化阶段两点含水量之差（％）；

$\Delta\delta_s$——收缩过程中与两点含水量之差对应的竖向线缩率之差（％）。

收缩系数可用来评价地基的胀缩等级，计算膨胀土地基的变形量。

（4）膨胀力。不扰动土试样在体积不变时，由于浸水膨胀产生的最大应力称为膨胀力。膨胀力的测量方法有压缩膨胀法、自由膨胀法和等容法。

膨胀力可用来衡量土的膨胀势和考虑地基的承载能力。

4. 膨胀土胀缩变形的影响因素

因富含亲水性很强的蒙脱石矿物和伊利石/蒙脱石混层矿物。膨胀土在不同含水量条件下结构和物理力学性质会发生很大变化。在天然状态下，膨胀土结构致密，处于硬塑或坚硬至半坚硬状态，压缩性小，抗剪强度和变形模量一般都比较高。遇水后，膨胀土中的蒙脱石和伊利石/蒙脱石混层矿物因吸水体积发生膨胀，土体强度显著下降。在失水干燥后，土质虽然坚硬，但却发生收缩变形，产生明显的张开裂隙。由于这些特性，膨胀土不但有显著的体积胀缩变化，而且常常随着环境的改变而反复交替变化，因而常常造成建筑地基变形，导致低层建筑和道路开裂，发生不同程度的破坏。根据膨胀土的胀缩等级，可将膨胀土分为强膨胀土、中等膨胀土和弱膨胀土。

膨胀土遇水膨胀的原因是由于土中膨胀性黏土矿物与水接触时，黏粒与水分子发生物理化学作用而引起晶层膨胀和粒间扩展。当水分减少时，晶层和粒间间距收缩。

影响膨胀土胀缩性的主要内在因素有膨胀性黏土矿物的类型和含量、土体的天然含水量及结构特征等。

（1）矿物成分。膨胀土主要由蒙脱石、伊利石等强亲水性矿物组成。蒙脱石矿物亲水性更强，具有既易吸水又易失水的强烈活动性。伊利石亲水性比蒙脱石低，但也有较高的活动性。蒙脱石矿物吸附外来的阳离子的类型对土的胀缩性也有影响，如吸附钠离子（钠蒙脱石）就具有特别强烈的胀缩性。

（2）黏粒的含量。由于黏土颗粒细小，比面积大，因而具有很大的表面能，对水分子和水中阳离子的吸附能力强。因此，土中黏粒含量众多，则土的胀缩性愈强。

（3）土的初始密度和含水量。土的胀缩表现于土的体积变化。对于含有一定数量的蒙脱石和伊利石的黏土来说，当其在同样的天然含水量条件下浸水，天然孔隙比愈小，土的膨胀愈大，而收缩愈小。反之，孔隙比愈大，收缩愈大。因此，在一定条件下，土的天然孔隙比（密实状态）是影响胀缩变形的一个重要因素。此外，土中原有的含水量与土体膨胀所需的含水量相差愈大时，则遇水后土的膨胀愈大，而失水后土的收缩愈小。

（4）土的结构强度。结构强度愈大，土体抵制胀缩变形的能力也愈大。当土的结构受到破坏以后，土的胀缩性随之增强。

影响膨胀土胀缩性的主要外在因素包括土体与环境的相互作用、土体所受的外部压力及封闭条件等。

（1）气候条件。气候条件是首要因素。从现有的资料分析，膨胀土分布地区年降雨量的大部分一般集中在雨季，继之是延续较长的旱季。如建筑场地潜水位较低，则表层膨胀土受大气影响，土中水分处于剧烈的变动之中。在雨季，土中水分增加，在干旱季节则减少。房屋建造后，室外土层受季节性气候影响较大。因此，基础的室内外两侧土的胀缩变形有明显差别，有时甚至外缩内胀，致使建筑物受到反复的不均匀变形的影响，从而导致建筑物的开裂。

一般把在自然气候作用下，由降水、蒸发、地温等因素引起土的升降变形的有效深度称为大气影响深度。据实测资料表明，季节性气候变化对地基土中水分的影响随深度的增加而递减。因此，确定建筑物所在地区的大气影响深度对防治膨胀土的危害具有实际意义。

（2）地形地貌条件。如在丘陵区和山前区，不同地形和高程地段地基上的初始状态及其受水蒸发条件不同，因此，地基土产生胀缩变形的程度也各不相同。建在高旷地段膨胀土层上的单层浅基建筑物裂缝最多，而建在低洼处、附近有水田水塘的单层房屋裂缝就少。这是由于高旷地带蒸发条件好，地基土容易干缩，而低洼地带土中水分不易散失，且补给有源，湿度能保持相对稳定的缘故。

（3）日照、通风影响。膨胀土地基土建筑物开裂情况的许多调查资料表明：房屋向阳面，即南、西、东尤其南、西两面外裂较多，背阳面即北面开裂很少，甚至没有。

例如一U字形房屋建造在成都黏土（膨胀土）层上（图8.2），前纵墙出现裂缝，而后纵墙完好无损，经分析，其原因是前纵墙通风条件较后纵墙为好，使地基土水分易于蒸发，土体收缩，从而引起砖墙裂缝。

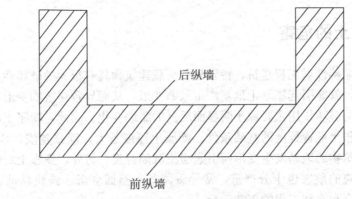

后纵墙

前纵墙

图 8.2　膨胀土地区建筑示意图

（4）建筑物周围的阔叶树。在炎热和干旱地区，建筑物周围的阔叶树（特别是不落叶的桉树）对建筑物的胀缩变形造成不利影响。尤其在旱季，当无地下水或地表水补给时，由于树根的吸水作用，会使土中的含水量减少，更加剧了地基土的干缩变形，使近旁有成排树木的房屋产生裂缝。

（5）局部渗水的影响。对于天然湿度较低的膨胀土，当建筑物内、外有局部水源补给（如水管漏水、雨水和施工用水未及时排除）时，必然会增大地基胀缩变形的差异。

另外，在膨胀土地基上建造冷库或高温构筑物如无隔热措施，也会因不均匀胀缩变形而开裂。

5.　膨胀土的判别

膨胀土的判别，是解决膨胀土问题的前提，因为只有确认了膨胀土及其胀缩性等级才可能有针对性地研究、确定需要采取的防治措施问题。

膨胀土的判别，目前尚无统一的指标，一般采用现场调查、与室内物理性质和胀缩特性试验指标鉴定相结合的原则。即首先根据土体及其埋藏、分布条件的工程地质特征和建于同一地貌单元的已有建筑物的变形、开裂情况作初步判断，然后再根据试验指标进一步验证，综合判别。

我国《岩土工程勘察规范》（GB 50021—2001）规定，具有下列特征的土可初判为膨胀土。

（1）多分布在二级或二级以上阶地、山前丘陵和盆地边缘；

（2）地形平缓，无明显自然陡坎；

（3）常见浅层滑坡、地裂，新开挖的路堑、边坡、基槽易发生坍塌；

（4）裂缝发育方向不规则，常有光滑面和擦痕，裂缝中常充填灰白、灰绿色黏土；

（5）干时坚硬，遇水软化，自然条件下呈坚硬或硬塑状态；

（6）自由膨胀率一般大于 40%；

（7）未经处理的建筑物成群破坏，低层较多层严重，刚性结构较柔性结构严重；

（8）建筑物开裂多发生在旱季，裂缝宽度随季节变化。

8.2.3 膨胀土的危害

膨胀土的胀缩特性对工程建筑，特别是低荷载建筑物具有很大的破坏性。只要地基中水分发生变化，就能引起膨胀土地基产生胀缩变形，从而导致建筑物变形甚至破坏。

膨胀土地基的破坏作用主要源于明显而反复的胀缩变化。因此，膨胀土的性质和发育情况是决定膨胀土危害程度的基础条件。膨胀土厚度越大，埋藏越浅，危害越严重。它可使房屋等建筑物的地基发生变形而引起房屋沉陷开裂。另外，膨胀土对铁路、公路以及水利工程设施的危害也十分严重，常导致路基和路面变形、铁轨移动、路堑滑坡等，影响运输安全和水利工程的正常运行。

中国膨胀土分布广泛，主要发育在云南、广西、贵州、四川、湖南、湖北、江苏、安徽、山东、河南、河北、山西、陕西、内蒙古等 21 个省（自治区）的 205 个县（市），其中以云南、广西、湖北等地区尤为发育。据不完全统计，我国每年因膨胀土湿胀干缩，使各类工程建筑遭受破坏所造成的经济损失达数亿元之多。工业与民用建筑遭受不同程度破坏的面积超过 1000×10^4 m^2。湖北省郧县县城因丹江口水库蓄水而迁建，新城址膨胀土十分发育，严重受害房屋 25.9×10^4 m^2，倒塌和被迫拆毁房屋近 10000 m^2。因房屋损坏严重，县城被迫再次易地重建。由此造成的直接经济损失超出 2000 万元。

膨胀土灾害对于轻型建筑物的破坏尤其严重，特别是三层以下民房建筑，变形损坏严重而且分布广泛，有时即使加固基础或打桩穿过膨胀土层，膨胀土的变形仍可导致桩基变形或错断。高大建筑物因基础荷载大，一般不易遭受变形损坏。

1988 年 7 月 11 日，山东省鱼合县老砦乡因岩土膨胀形成数十条地裂缝，裂缝最长 400 余米，一般数十米，宽 0.02～0.05 m，深约 1.5 m 左右。因地裂缝造成 3 个自然村 697 间房屋开裂，危房近 50 间，直接经济损失达百万元。7 月 16 日及 23 日两场大雨之后，地裂缝大都弥合，但沿裂缝出现了大小几百个地面塌陷坑。

膨胀土地区的铁路也遭受膨胀土的严重危害，全国通过膨胀土地区的铁路长度占铁路总长度的 15%～25%，因之造成的坍塌、滑坡等灾害经常发生，每年整治费用达 1 亿元以上，而因影响铁路正常运行造成的经济损失则更大。

中国南方经由膨胀土地区的几条主要铁路干线，如南昆铁路，因膨胀土湿胀干缩而导致的路基下沉、基床翻浆冒泥、滑坡等灾害十分普遍，护坡工程屡遭破坏，有的挡土墙甚至被滑坡剪断推移达 7 m 之远，路基隆起 1～3 m，危及行车安全。1976 年和 1978 年分别交付运营的阳安、襄渝两条铁路，至 1981 年，由于膨胀土路基严重变形，造成中断行车事故达 30 次。在膨胀土中开挖地下洞室，常见围岩底鼓、内挤、坍塌等变形现象，导致隧道衬砌变形破坏、地面隆起。膨胀土隧道围岩变形常具有速度快、破坏性大、延续时间长和整治困难等特点。

8.2.4 膨胀土灾害的防治措施

在膨胀土分布区进行工程建筑时，应避免大挖大填，在建筑物四周要加大散水范围，在结构上设置圈梁；铁路、公路施工避免深长路堑，要少填少挖，路堤底部垫砂，路堑设置挡土墙或抗滑桩，边坡植草铺砂。水利工程要快速施工，合理堆放弃土；必要时设置抗滑桩、挡土墙；合理选择渠坡坡角；穿过垅岗时使用涵管、隧洞。所有工程设施附近都要修建坡面坡脚排水设施，避免降雨、地表水、城镇废水的冲刷、汇集。对于已受膨胀土破坏的工程设施则视具体情况，采用加固、拆除重建等措施进行治理。

1. 膨胀土地基的防治措施

为了防止由于膨胀土地基胀缩变形而引起的建筑物损坏，在城镇规划和建筑工程选址时，要进行充分的地质勘查，弄清膨胀土的分布范围、发育厚度、埋藏深度以及膨胀土的物理性质和水理性质，在此基础上合理规划建筑布局，尽可能避开膨胀土发育区。在难以找到非膨胀土工程场地时，尽可能选择地形简单、胀缩性相对较弱、厚度小而且地下水水位变化较小、容易排水、没有浅层滑坡和地裂缝的地段进行工程建设，以最大限度地减少膨胀土的危害。除对建筑物布置和基础设计采取措施外，最主要的是对膨胀土地基进行防治和加固。对于已受膨胀土破坏的工程设施则视具体情况，膨胀土地基的防治措施有防水保湿措施和地基改良措施两种。

（1）防水保湿措施。防水保湿措施主要是指防止地表水下渗和土中水分蒸发，保持地基土湿度的稳定，从而控制膨胀土的胀缩变形。具体方法有在建筑物周围设置散水坡，防止地表水直接渗入和减小土中水分蒸发；加强上、下水管和有水地段的防漏措施；在建筑物周边合理绿化，防止植物根系吸水造成地基土的不均匀收缩而引起建筑物的变形破坏；选择合理的施工方法，在基坑施工时应分段快速作业，保证基坑不被暴晒或浸泡等。

（2）地基改良措施。地基土改良可以有效消除或减小膨胀土的胀缩性，通常采用换土法或石灰加固法。换土法就是挖除地基土上层约 1.5 m 厚的膨胀土，回填非膨胀性土，如砂、砾石等。石灰加固法是将生石灰掺水压入膨胀土内，石灰与水相互作用产生氢氧化钙，吸收土中水分，而氢氧化钙与二氧化碳接触后形成坚固稳定的碳酸钙，起到胶结土粒的作用。

2. 膨胀土边坡变形的防治措施

一般情况下，膨胀土路堑边坡要求一坡到顶。在坡脚还应设置侧沟平台，防止滑体堵塞侧沟，同时采取坡面防水、坡面加固和支挡等措施。

（1）防止地表水下渗。通过设置各种排水沟（天沟、平台纵向排水沟、侧沟），组成地表排水网系堵截和引排坡面水流，使地表水不致渗入土体和冲蚀坡面。

（2）坡面防护加固。在坡面基本稳定情况下采用坡面防护，具体方法有在坡面铺种草皮或栽植根系发育、枝叶茂盛、生长迅速的灌木和小乔木，使其形成覆盖层，以防地表水冲刷坡面。利用片石浆砌成方格形或拱形骨架护坡，主要用来防止坡面表土风化，同时对土体起支撑稳固作用。实践证明，采用骨架护坡与骨架内植被防护相结合的方法防治效果更好。

（3）支挡措施。支挡工程是整治膨胀土滑坡的有效措施。支挡工程中有抗滑挡墙、抗滑桩、片石垛、填土反压、支撑等。

8.3 盐渍土

8.3.1 盐渍土的定义和分类

1. 盐渍土的定义和形成条件

地表土层易溶盐含量大于 0.5%，且具有溶陷、盐胀、腐蚀等特性的土称为盐渍土。盐渍土是当地下水沿土层的毛细管升高至地表或接近地表时，经蒸发作用，水中盐分被析出并聚集于地表或地下土层中形成的。

盐渍土一般形成于下列地区：

（1）干旱半干旱地区：因蒸发量大，降水量小，毛细作用强，极利于盐分在地表聚集。

（2）内陆盆地：因地势低洼，周围封闭，排水不畅，地下水位高，利于水分蒸发、盐分聚集。

（3）农田、渠道：农田洗盐、压盐，灌溉退水，渠道渗漏，等等，也会使土地盐渍化。

盐渍土的厚度一般不大。平原和滨海地区，一般在地表向下 2~4 m，其厚度与地下水的埋深、土的毛细作用上升高度和蒸发强度有关。内陆盆地盐渍土的厚度有的可达几十米，如柴达木盆地中盐湖区的盐渍土厚度可达 30 m 以上。

绝大多数盐渍土分布地区，地表有一层白色盐霜或盐壳，厚数厘米至数十厘米。盐渍土中盐分的分布随季节、气候和水文地质条件而变化，在干旱季节地面蒸发量大，盐分向地表聚集，这时地表土层的含盐量可超过 10%，随着深度的增加，含盐量逐渐减少。雨季地表盐分被地面水冲淋溶解，并随水渗入地下，表层含盐量减少，地表白色盐霜或盐壳甚至消失。因此，在盐渍土地区，经常发生盐类被淋溶和盐类聚集的周期性的发展过程。

2. 盐渍土的分类

（1）按含盐类的性质分。盐渍土的主要特点是干燥时具有较高的强度，潮湿时强度降低、压缩性增加，而且与所含盐的成分和数量有关。盐渍土按所含盐类的性质可分为氯盐类、硫酸盐类和碳酸盐类。

①氯盐类主要有 NaCl、KCl、$CaCl_2$、$MgCl_2$ 等，具有很大的溶解度和强烈的吸湿性，故含氯化物的盐渍土又称为"湿盐土"。氧化物结晶时体积不膨胀，含氯化物的盐渍土干燥时强度高，潮湿时易溶解而具有很大的塑性和压缩性。

②硫酸盐类主要有 Na_2SO_4 和 $MgSO_4$，具有很大的溶解度，且随着温度的变化显著。硫酸盐结晶时具有结合一定数量水分子的能力，如 Na_2SO_4 结晶为芒硝，结合 10 个水分子，即 $Na_2SO_4 \cdot 10H_2O$，因此体积大大膨胀。失水时晶体变为无水状态，体积相

应缩小。硫酸盐的这种胀缩现象经常随温度变化而改变。温度降低时，溶解度迅速降低，盐分从溶液中结晶析出，体积增大；温度升高时，结晶盐溶解，体积缩小。因此，含硫酸盐的盐渍土有时因温差变化而产生胀缩现象。夜晚温度低时结晶膨胀，白天温度高时脱水而呈粉末状或溶于水溶液中，故硫酸盐盐渍土又称为"松胀盐土"。

③碳酸盐主要有 $NaHCO_3$ 和 Na_2CO_3，也具有较大的溶解度。由于含有较多的钠离子，吸附作用强，遇水使黏土胶粒得到很多的水分，体积膨胀。因碳酸盐盐渍土具有明显的碱性反应，故又称为"碱土"。

(2) 按分布区域分。盐渍土依地理位置可分为内陆盐渍土、滨海盐渍土和平原盐渍土三种类型。在中国，盐渍土主要分布于江苏北部和渤海西岸，华北平原的河北、河南、山西等省，东北松辽平原西部和北部，以及内蒙古和西北的新疆、甘肃、陕西、青海等省区。

①内陆盐渍土：分布在年蒸发量大于年降水量、地势低洼、地下水埋藏浅、排泄不畅的干旱和半干旱地区。中国内蒙古、甘肃、青海和新疆一些内陆盆地中广泛分布有盐渍土，其特点是含盐量高、成分复杂、类型多样，含盐量一般在 10%～20%。尤其是在青海柴达木盆地、新疆塔里木盆地，土中含盐量更高，在地表常结成几厘米至几十厘米的盐壳。中国西北内陆盆地的盐渍土，从山前到山间内陆盆地中心，含盐类型有一定规律性。山前洪积冲积倾斜平原区地表含盐量较少，为碳酸钠、碳酸氢钠型；冲积洪积平原区土质为硫酸盐、亚硫酸盐型；盆地中心湖积平原区为氧化物型，地面常有几厘米至几十厘米厚的氯化物盐壳。

②滨海盐渍土：分布在沿海地带，含盐量一般为 1%～4%。但在华南地区因淋溶作用强，含盐量较低，多数不超过 0.2%，且以氯化物、亚硫酸盐为主；华北和东北因淋溶作用相对较弱，土中含盐量较高，可达 3% 以上，以氯化物为主，土呈弱碱性。

③平原盐渍土：主要分布在华北平原和东北平原。由于各地区形成条件的差异，盐渍土类型不尽相同。如东北松嫩平原，地势低平，土质为冲积洪积砂黏土、粘砂土及粉细砂，透水性差，地下水径流不畅，毛细水上升，蒸发作用使地表土盐渍化，形成厚约 5 mm 的一层盐霜。该区盐渍土以含碳酸氢钠和碳酸钠为主，氯化物及硫酸盐较少。土中含盐量一般为 0.7%～1.5%，高者达 3% 以上。

8.3.2　盐渍土的工程特性

1. 盐渍土的溶陷性

盐渍土中的可溶盐经水浸泡后溶解、流失，致使土体结构松散，在土的饱和自重压力下出现溶陷；有的盐渍土浸水后，需在一定压力作用下，才会产生溶陷。盐渍土溶陷性的大小，与易溶盐的性质、含量、赋存状态和水的径流条件以及浸水时间的长短等有关。盐渍土的溶陷性可根据溶陷系数进行评价：当溶陷系数值小于 0.01 时，称为非溶陷性土；当溶陷系数值等于或大于 0.01 时，称为溶陷性土。

溶陷系数可由室内压缩试验或现场浸水载荷试验求得。室内试验测定溶陷系数的方法与湿陷系数试验相同；现场浸水载荷试验得到的平均溶陷系数 δ 值可按式（8-8）进行计算。

$$\delta = \frac{\Delta S}{h} \tag{8-8}$$

式中：

δ——溶陷系数；

ΔS——盐渍土层浸水后的溶陷量（mm）。

h——承压板下盐渍土的浸湿深度（mm）。

2. 盐渍土的盐胀性

硫酸（亚硫酸）盐渍土中的无水芒硝（Na_2SO_4）的含量较多，无水芒硝（Na_2SO_4）在32.4℃以上时为无水晶体，体积较小；当温度下降至32.4℃时，吸收10个水分子的结晶水，成为芒硝（$Na_2SO_4 \cdot 10H_2O$）晶体，使体积增大，如此不断的循环作用，使土体变松。盐胀作用是盐渍土由于昼夜温差大引起的，多出现在地表下不太深的地方，一般约为0.3 m。碳酸盐渍土中含有大量吸附性阳离子，遇水时与胶体颗粒作用，在胶体颗粒和黏土颗粒周围形成结合水薄膜，减少了各颗粒间的黏聚力，使其互相分离，引起土体盐胀。资料证明，当土中的Na_2CO_3含量超过0.5%时，其盐胀量即显著增大。

3. 盐渍土的腐蚀性

盐渍土均具有腐蚀性。硫酸盐盐渍土具有较强的腐蚀性，当硫酸盐含量超过1%时，对混凝土产生有害影响，对其他建筑材料，也有不同程度的腐蚀作用。氯盐渍土具有一定的腐蚀性，当氯盐含量大于4%时，对混凝土产生不良影响，对钢铁、木材、砖等建筑材料也具有不同程度的腐蚀性。碳酸盐渍土对各种建筑材料也具有不同程度的腐蚀性。腐蚀的程度，除与盐类的成分有关外，还与建筑结构所处的环境条件有关。

4. 盐渍土的吸湿性

氯盐渍土含有较多的一价钠离子，由于其水解半径大，水化胀力强，故在其周围形成较厚的水化薄膜。因此，使氯盐渍土具有较强的吸湿性和保水性。这种性质，使氯盐渍土在潮湿地区土体极易吸湿软化，强度降低；而在干旱地区，使土体容易压实。氯盐渍土吸湿的深度，一般只限于地表，深度约为10 cm。

5. 有害毛细作用

盐渍土有害毛细水上升能引起地基土的浸湿软化和造成次生盐渍土，并使地基土强度降低，产生盐胀、冻胀等不良作用。影响毛细水上升高度和上升速度的因素，主要有土的矿物成分、粒度成分、土颗粒的排列、孔隙的大小和水溶液的成分、浓度、温度等。

6. 盐渍土的起始冻结温度和冻结深度

盐渍土的起始冻结温度是指土中毛细水和重力水溶解土中盐分后形成的溶液开始冻结的温度。起始冻结温度随溶液浓度的增大而降低，且与盐的类型有关。

8.3.3　盐渍土的危害

盐渍土的农作物产量较低，甚至不适合作物生长。盐渍土分布区的道路路基和建筑物地基还受到盐渍土胀缩破坏或腐蚀，含盐量高的盐渍土路基还会因盐分溶解导致地基下沉。

1.　毁坏道路和建筑物基础

硫酸盐盐渍土随着温度和湿度变化，吸收或释放结晶水而产生体积变化，引起土体松胀。因此，采用富含硫酸盐的盐渍土填筑路基时，由于松胀现象会造成路基变形而影响交通运输。如新疆塔城机场跑道下为含有 Na_2SO_4 或 $Na_2SO_4 \cdot 10H_2O$ 的盐渍土，因温差变化而引起的盐胀作用使机场跑道表面出现大量的开裂、起皮和拱起，经济损失达 1400 多万元。

此外，由于降雨淋溶作用，使表层土中盐分减少，造成退盐作用，结果使路基变松、透水性减弱，从而降低路基的稳定性。

2.　腐蚀建筑材料，破坏工程设施

盐渍土还可腐蚀桥梁、房屋等建筑物的混凝土基础，引起基础破损。当硫酸盐含量超过 1% 或氯化物含量超过 4% 时，对混凝土将产生腐蚀作用，使混凝土疏松、剥落或掉皮。盐渍土中的易溶盐，对砖、钢铁、橡胶等材料也有不同程度的腐蚀作用，如 NaCl 与金属铁作用形成 $FeCl_3$。盐渍土中氯化物含量超过 2% 时，将使沥青的延展度普遍下降。碳酸钠和碳酸氢钠能使沥青发生乳化。

8.3.4　盐渍土的地基处理措施

盐渍土地基处理，应根据盐渍土的性质、含盐类型、含盐量等，针对盐渍土的不同性状，对盐渍土的溶陷性、盐胀性、腐蚀性采用不同的地基处理方法。

1.　以溶陷性为主的盐渍土的地基处理

这类盐渍土的地基处理，主要是减小地基的溶陷性，可通过现场试验后，按表 8.2 选用不同方法。

表 8.2　溶陷性盐渍土的地基处理措施

处理方法	适用条件	注意事项
浸水预溶	厚度不大或渗透性较好的盐渍土	需经现场试验确定浸水时间和预溶深度
强夯	地下水位以上，孔隙比较大的低塑性土	需经现场试验选择最佳夯击能量和夯击参数

续表8.2

处理方法	适用条件	注意事项
浸水预溶＋强夯	厚度较大、渗透性较好的盐渍土，处理深度取决于预溶深度和夯击能量	需经现场试验选择最佳夯击能量和夯击参数
浸水预溶＋预压	土质条件同上，处理深度取决于预溶深度和预压深度	需经现场试验，检验压实效果
换土	溶陷性较大且厚度不大的盐渍土	宜用灰土或易夯实的非盐渍土回填
振冲	粉土和粉细砂层，地下水位较高	振冲所用的水应采用场地内地下水或卤水，切忌一般淡水
物理化学处理（盐化处理）	含盐量很高，土层较厚，其他方法难以处理，且地下水位较深	需经现场试验，检验处理效果

2. 以盐胀性为主的盐渍土的地基处理

这类盐渍土的地基处理，主要是减小或消除盐渍土的盐胀性，可采用下列方法。

(1) 换土垫层法：即使硫酸盐渍土层很厚，也无须全部挖除，只要将有效盐胀范围内的盐渍土挖除即可。

(2) 设地面隔热层：地面设置隔热层，使盐渍土层的浓度变化减小，从而减小或完全消除盐胀，不破坏地坪。

(3) 设变形缓冲层：在地坪下设一层 20 cm 左右厚的大粒径卵石，使下面土层的盐胀变形得到缓冲。

(4) 化学处理方法：将氯盐渗入硫酸盐渍土中，抑制其盐胀，当 Cl^-/SO_4^{2-} 大于 6 时，效果显著，因硫酸钠在氯盐溶液中的溶解度随浓度增加而减少。

3. 以腐蚀性为主的盐渍土的防腐蚀措施

盐渍土的腐蚀，主要是盐溶液对建筑材料的侵入造成的，所以采取隔断盐溶液的侵入或增加建筑材料的密度等措施，可以防护或减小盐渍土对建筑材料的腐蚀性。

8.4 软土

8.4.1 软土的定义和成因

软土是指天然孔隙比大于或等于 1.0，天然含水量大于液限的细粒土。它们是在水流流速缓慢的环境中沉积、含有较多有机质的一种软塑到流塑状态的黏性土，如淤泥、淤泥质土、泥炭以及其他高压缩性饱和黏性土等。软土在中国分布很广，不仅在沿海地带及平原低地、湖沼洼地发育有厚层软土，在丘陵、山岳、高原区的古代或现代湖沼地区也有软土分布。

软土形成于水流不通畅、饱和缺氧的静水盆地，主要由黏粒和粉粒等细小颗粒组成。淤泥的黏粒含量较高，一般达 30%～60%。矿物成分中除石英、长石、云母外，常含有大量的黏土矿物，当有机质含量集中（质量分数大于 50%）时，可形成泥炭层。

由于黏土矿物和有机质颗粒表面带有大量负电荷，与水分子作用非常强烈，因而在其颗粒外围形成很厚的结合水膜。且在沉积过程中由于粒间静电引力和分子引力作用，形成絮状和蜂窝状结构。

8.4.2　软土的工程特性

1. 高压缩性

由于高含水量和高孔隙比，软土属于高压缩性土，压缩系数大。故软土地基上的建筑物沉降量大。

2. 低强度

软土的抗剪强度小且与加荷速度及排水固结条件密切相关。不排水三轴快剪所得抗剪强度值很小，且与其侧压力大小无关，即其内摩擦角为零，其内聚力一般都小于 20 kPa；直剪快剪内摩擦角一般为 2°～5°，内聚力为 10～15 kPa；排水条件下的抗剪强度随固结程度的增加而增大，固结快剪的内摩擦角可达 8°～12°，内聚力为 20 kPa 左右。这是因为在土体受荷时，其中孔隙水在充分排出的条件下，使土体得到正常的压密，从而逐步提高其强度。因此，要提高软土地基的强度，必须控制施工和使用时的加荷速度，特别是在开始阶段加荷不能过大，以便每增加一级荷重与土体在新的受荷条件下强度的提高相适应。如果相反，则土中水分将来不及排出，土体强度不但来不及得到提高，反而会由于土中孔隙水压力的急剧增大，有效应力降低，而产生土体的挤出破坏。

3. 低透水性

软土的含水量虽然很高，但透水性差，特别是垂直向透水性更差，垂直向渗透系数一般在 $1 \times 10^{-6} \sim 1 \times 10^{-8}$ cm/s 之间，属微透水或不透水层，对地基排水固结不利。软土地基上建筑物沉降延续时间长，一般达数年以上。在加载初期，地基中常出现较高的孔隙水压力，影响地基强度。

4. 触变性

当原状土受到振动或扰动以后，由于土体结构遭破坏，强度会大幅度降低。触变性可用灵敏度 S 表示，软土的灵敏度一般在 3～4 之间，最大可达 8～9，故软土属于高灵敏土或极灵敏土。软土地基受震动荷载后，易产生侧向滑动、沉降或基础下土体挤出等现象。

5. 流变性

软土在长期荷载作用下，除产生排水固结引起的变形外，还会发生缓慢而长期的剪切变形。这对建筑物地基沉降有较大影响，对斜坡、堤岸、码头和地基稳定性不利。

6. 不均匀性

由于沉积环境的变化，土质均匀性差。例如三角洲相、河漫滩相软土常夹有粉土或粉砂薄层，具有明显的微层理构造，水平向渗透性常好于垂直向渗透性，湖泊相、沼泽相软土常在淤泥或淤泥质土层中夹有厚度不等的泥炭或泥炭质薄层土或透镜体，作为建筑物地基易产生不均匀沉降。

8.4.3 软土的危害

由于软土强度低、压缩性高，故以软土作为建筑物地基所遇到的主要问题是承载力低和地基沉降量过大。软土的容许承载力一般低于 100 kPa，有的只有 40~60 kPa。上覆荷载稍大，就会发生沉陷，甚至出现地基被挤出的现象。

在软土地区修筑路基时，由于软土抗剪强度低，抗滑稳定性差，不但路堤的高度受到限制，而且易产生侧向滑移，在路基两侧常产生地面隆起，形成延伸至坡脚以外的坍滑或沉陷。

8.4.4 软土的地基处理措施

在软土地区进行工程建设往往会遇到地基强度和变形不能满足设计要求的问题，特别是在采用桩基、沉井等深基础措施在技术及经济上又不可能时，可采取加固措施来改善地基土的性质以增加其稳定性。地基处理的方法很多，大致可归结为土质改良、换填土和补强法等。

1. 土质改良法

土质改良指利用机械、电化学等手段增加地基土的密度或使地基土固结的方法。如用砂井、砂垫层、真空预压、电渗法、强夯法等排除软土地基中的水分以增大软土的密度，或用石灰桩、拌合法、旋喷注浆法等使软土固结以改善土的性质。

2. 换填法

换填法，即利用强度较高的土换填软土。

3. 补强法

补强法是采用薄膜、绳网、板桩等约束地基土的方法，如铺网法、板桩围截法等。在道路建设中，对软土路基也必须进行加固处理，主要采用砂井、砂垫层、生石灰桩、换填土、旋喷注浆、电渗排水、侧向约束和反压护道等方法。

8.5　冻土

8.5.1　冻土的定义和分布

冻土是指具有负温或零温度并含有冰的土。按冻结状态持续时间，分为多年冻土、隔年冻土和季节冻土。多年冻土指持续冻结时间在 2 年或 2 年以上的土；季节冻土指地壳表层冬季冻结而在夏季又全部融化的土；隔年冻土指冬季冻结，而翌年夏季并不融化的那部分冻土。

多年冻土在世界分布极广，约占陆地面积的 24%，主要分布在俄罗斯、加拿大、中国和美国的阿拉斯加等地。中国多年冻土的分布面积约 206.8×10⁴ km²，约占世界多年冻土面积的 10%，占中国国土面积的 21.5%，是世界第三冻土大国。中国的多年冻土主要分布于青藏高原、帕米尔高原、西部高山，东北大小兴安岭。东部地区部分高山的顶部，如山西五台山、内蒙古大青山、吉林长白山等，也分布有多年冻土。东北、西北地区的高纬度冻土有明显的水平分带性，青藏高原地区的高海拔冻土有显著的垂直分带性。季节冻土遍布于不连续多年冻土区的外围地区，主要位于纬度大于 24° 的地区，占中国国土面积的 53.5%。

冻土是一种特殊土类，它具有一般土的共性，同时又是一种为冰所胶结的多相复杂体系，具有鲜明的个性。因此，由于土中冰的增长或消失而引起的冻胀和融沉现象，常常导致冻土区各种工程建筑物的迅速破坏。

8.5.2　冻土的特征和不良地质现象

温度低于 0℃ 后，土中液态水凝结为固态冰，并将土颗粒固结，使其具有特殊连接，这种土称为冻土；当温度升高时，土中的冰又融化为液态水，融化了的冻土称融土。

冻土一般由岩屑或矿物颗粒、冰、水与气体组成，其中岩屑、矿物颗粒是冻土成分的主体。冻土与未冻土和融土的本质区别是在冻土中存在着特殊的固相物质——冰。由于冰的固结作用，冻土的抗压强度要比未冻土大许多倍，且与土的粒度成分、含水量、土体的温度及荷载作用时间等有关。冻土在长期荷载作用下具有流变性，其极限抗压强度比瞬时荷载作用下的抗压强度要小得多。冻土在融化过程中，水沿孔隙迅速排出，在土体自重作用下，孔隙比迅速减小。

由于冻融作用，在冻土地区，主要的不良地质现象有冻胀、热融滑坍、融冻泥流、热融沉陷和热融湖等。

1. 冻胀

冻胀是指土在冻结过程中，土中水分冻结成冰，并形成冰层、冰透镜体或多晶体冰晶等形式的冰侵入体，引起土粒间的相对位移，使土体积膨胀的现象。

（1）冻胀的类型。冻胀可分为原位冻胀和分凝冻胀。孔隙水原位冻结，造成体积增大 9%，但由外界水分补给并在土中迁移到某个位置冻结，体积将增大 1.09 倍。所以饱水土体在开放体系下的分凝冻胀是土体冻胀的主要分量。分凝冻胀的机理包含两个物理过程：土中水分迁移和成冰作用。前者由驱动力、渗透系数、迁移量等指标来描述，后者则取决于界面状态、冰晶生长情况等因素。分凝冻胀是由冻土的温度梯度引起的，土中溶质浓度梯度引起的渗压机制和反复冻融引起的真空渗透机制也对土体冻胀起着一定的作用。决定土体冻胀的主导因素包括土中的热流和水流状况，而土质和外界压力等则在不同程度上改变冻胀的强度和速度。

（2）冻胀的评价指标。评价土体冻胀及其对构筑物的影响，通常采用冻胀系数和冻胀力指标。冻胀系数定义为冻胀量的增量与冻结深度增量的比值。冻胀力指土体冻结膨胀受约束而作用于基础材料的力。

（3）冻胀的外观表现。冻胀的外观表现是土体表层不均匀地隆起，常形成鼓丘及隆岗等，称为冻胀丘。在冻结过程中水向冻结峰面迁移，形成地下冰层。随着冻结深度的增大，冰层的膨胀力和水的承压力增加到大于上覆土层的荷载时，地表便会发生隆起形成冻胀丘。如果每年的冬季隆起、夏季融化，则属季节性冻胀丘。

2. 热融滑坍

由于自然营力作用（如河流冲刷坡脚）或人为活动影响（挖方取土）破坏了斜坡上地下冰层的热平衡状态，使冰层融化，融化后的土体在重力作用下沿着融冻界面而滑坍的现象，称为热融滑坍。

热融滑坍按其发展阶段和对工程的危害程度，可分为活动的和稳定的两种类型。稳定的热融滑坍，是因坍落物质掩盖坡脚或暴露的冰层或某种人为作用，使滑坍范围不再扩大的热融滑坍。活动的热融滑坍，是因融化土体滑坍使其上方又有新的地下冰暴露，地下冰再次融化产生新的滑坍。两者在一定条件下可以相互转化。

3. 融冻泥流

由于冻融作用，缓坡上的细粒土土体结构破坏，土中水分受下伏冻土层的阻隔不能下渗，致使土体饱和甚至成为泥浆。在重力作用下，饱水细粒土或泥浆沿冻土层面顺坡向下蠕动的现象称为融冻泥流。

融冻泥流可分为表层泥流和深层泥流两种。表层泥流发生在融化层上部；深层泥流一般形成于排水不良、坡度小于 10°的缓坡上，以地下冰或多年冻土层为滑动面，长可达几百米，宽几十米，表面呈阶梯状，移动速度十分缓慢。

4. 热融沉陷和热融湖

因气候变化或人为因素，改变了地面的温度状况，引起季节融化层的深度加大，导致地下冰或多年冻土层发生局部融化，上部土层在自重和外部营力作用下产生沉陷，这种现象称为热融沉陷。当沉陷面积较大且有积水时，形成热融湖。热融湖大多分布在高原区。

8.5.3　冻土的危害

土体在冻结时体积膨胀，地面出现隆起；而冻土融化时体积缩小，地面又发生沉陷。同时，土体在冻结、融化时，还可能产生裂缝、热融滑塌或融冻泥石流等灾害。因此，土体的频繁冻融直接影响和危害人类经济活动和工程建设。就其危害程度而言，多年冻土的融化作用危害较大，而季节性冻土的冻结作用危害更大。

热融滑塌可使建筑物基底或路基边坡失去稳定性，也可使建筑物被滑塌物堵塞和掩埋。由于热融滑塌呈牵引式缓慢发展，所以很少出现滑塌体整体失稳的现象。热融滑塌一般自地下深处向地表发展，侧向延展很小，厚度只有 $1.5\sim2.5\,\mathrm{m}$，稍大于当地季节融化层的厚度。

热融沉陷与人类工程活动有着十分密切的关系。在多年冻土地区，如铁路、公路、房屋、桥涵等工程的修建，都可能因处理不当而引起热融沉陷。例如，房屋采暖散热使多年冻土融化，在房屋基础下形成融化盘。在融化盘内，地基土将会产生较大的不均匀沉陷。在路基工程中，由于开挖破坏了原来的天然覆盖层，或路堤上方积水并下渗，都可能造成地下冰逐年融化，从而导致路基连年大幅度沉陷甚至突陷。若路堤下为饱冰黏性土，融化后处于软塑至流塑状态，承载力很低，在车辆振动荷载作用下，路堤在瞬间即可产生大幅度的沉陷，造成中断行车等严重事故。

8.5.4　冻土的防治措施

冻土灾害的防治原则是根据自然条件和建筑设计、使用条件尽可能保持一种状态。即要么长期保持其冻结状态，要么使其经常处于消融状态。首先，必须做到合理的选址和选线，制定正确的建筑原则，尽量避免或最大限度地减轻冻害的发生。在不可能避免时，采取必要的地基处理措施，消除或减弱冻土危害。

1.　冻胀防治措施

防治冻胀的措施包括两个方面：①改良地基土，减缓或消除土的冻胀；②增强基础和结构物抵抗冻胀的能力，保证冻土区建筑物的安全。不同的基础形式和建筑物类型，应根据设计原则采取相应的具体措施。

（1）换填法。换填法是目前应用最多的一种防治冻土灾害的措施。实践证明，这种方法既简单实用，治理效果又好。具体做法是用粗砂或砂砾石等置换天然地基的冻胀性土。

（2）排水隔水法。排水隔水法有抽采地下水以降低水位、隔断地下水的侧向补给来源、排除地表水等，通过采取这些措施来减少季节融冻层土体中的含水量，减弱或消除地基土的冻胀。

（3）设置隔热层保温法。隔热层是一层低导热率的材料，如聚氨基甲酸酯泡沫塑料、聚苯乙烯泡沫塑料、玻璃纤维、木屑等。在建筑物基础底部或周围设置隔热层可增大热阻，减少地基土中的水分迁移，达到减轻冻害的目的。路基工程中常用草皮、泥炭、炉渣等作为隔热材料。

（4）物理化学法。物理化学法是在土体中加入某些物质，改变土粒与水分之间的相互作用，使土体中水的冰点和水分迁移速率发生改变，从而削弱土体冻胀的一种方法。如加入无机盐类使冻胀土变成人工盐渍土；降低冻结温度；在土中掺入厌水性物质或表面活性剂等使土粒之间牢固结合，削弱土粒与水之间的相互作用，减弱或消除水的运动。

2. 热融下沉的防治措施

工程建筑物的修建和运营，可使多年冻土地基的热平衡条件发生改变，导致多年冻土上限下降，从而产生融化下沉。

防治融化下沉的方法有多种，如隔热保温法、预先融化法、预固结法、换填土法、深埋基础法、地面以上材料喷涂浅色颜料法、架空基础法等。其中运用最广泛的是隔热保温法，即用保温性能较好的材料或土将热源隔开，保持地基的冻结状态。多年冻土地区的铁路建设中，也常采用路堤保温的方法防止路基热融下沉。

3. 路堑边坡滑坍防治措施

防治路堑边坡的滑坍往往采用换填土、保温、支挡、排水等措施。换填土厚度应足以保持堑坡处干冻结状态。防护高度小于 3 m 时，可采用保温措施，将泥炭或草皮夯实，并在夯实的坡面上铺植草皮和堆砌石块；当防护高度大于 3 m 时，可采用轻型挡墙护坡或采用挡墙与保温相结合的方法。

第9章 城市地下工程与环境

9.1 深基坑开挖工程中的环境岩土工程问题

9.1.1 基坑工程的分类和特点

基坑指为建（构）筑物地下部分的施工而由地面向下开挖出的空间。为保护地下主体结构施工和基坑周边环境的安全，对基坑采用的临时性支挡、加固、保护和地下水控制的工程称为基坑工程。

1. 基坑工程的分类

（1）放坡开挖。放坡开挖是施工简单、经济实用的方法，在空旷地区或周围环境允许时能保证边坡稳定的条件下应优先选用。

但是在城市建筑稠密地区，往往不具备放坡开挖的条件。因为放坡开挖需要基坑平面以外有足够的空间供放坡之用，如在此空间内存在临近建（构）筑物基础、地下管线、运输道路等，都不允许放坡，此时就只能采用在支护结构保护下进行垂直开挖的施工方法。

（2）支护开挖。支护开挖是由地面向下开挖的一个地下空间。基坑四周为垂直的挡土结构，挡土结构一般是在开挖面基底下有一定插入深度的板墙结构。常用挡土材料为混凝土、钢、木等，挡土结构有钢板桩、钢筋混凝土板桩、桩列式灌注桩、水泥土搅拌桩、地下连续墙等。

根据基坑深度的不同，板墙可以是悬臂的，但更多的是单撑和多撑式（单锚式或多锚式）结构，支撑的目的是为板墙结构提供弹性支撑点，以控制墙体的弯矩至该墙体断面的合理允许范围，达到经济合理的工程要求。支撑的类型可以是基坑内部受压体系或基坑外部受拉体系。

2. 基坑工程的特点

目前我国基坑开挖与支护具有以下特点。

（1）建筑趋向高层化，基坑向大深度方向发展。如北京国家大剧院基坑，基坑最大开挖深度达 33.8 m，开挖面积 6.5 万 m^2。

（2）基坑开挖面积大，长度和宽度达到百余米的占相当比例，给支护体系带来困难。上海环球金融中心位于浦东陆家嘴金融贸易区，中心塔楼地上 101 层，地面以上高度 492 m，地下 3 层。场地周围环境复杂，东侧与 88 层金贸大厦仅一路之隔，相距仅 40.00 m，西侧为世纪大道，离建筑红线 50.00 m 处为正在运营的 M2 线地铁和银城路地道。场地周边地下管线稠密。塔楼区为直径 100.00 m 的圆形基坑，面积 7855m^2，基坑一般开挖深度为 18.35 m，面积巨大的电梯井开挖深度为 25.89 m。基坑围护采用厚 1 m 的地下连续墙，连续墙深 34.00 m，整个圆形基坑的连续墙由几道围梁加固。

（3）在较软弱的地基土、高水位及其他复杂场地条件下开挖基坑，很容易产生土体滑移、基坑失稳、桩体变位、基坑隆起、支挡结构严重漏水、流土以致破损，对周围建筑物、地下构筑物、管线造成很大影响。

（4）岩土性质千变万化，地层埋藏条件、水文地质条件的复杂性和不均匀性往往造成勘察所得数据离散性大，难以代表土层的总体情况，给基坑工程的设计和施工增加了难度。

（5）在旧城改造中，基坑工程的施工条件均很差，在相邻场地的施工过程中，例如打桩、降水、挖土及基础浇筑混凝土等工序会发生相互制约与影响，增加协调工作的难度。

（6）基坑工程施工周期长，常会经历多次降雨等不同气候，受场地狭窄、重物堆放、振动等许多不利因素影响，其安全度的不确定性较大，这些都会对基坑稳定产生不利影响。

在基坑工程施工中，对支护结构的首要要求是创造条件便于基坑土方的开挖，但在建（构）筑物稠密地区更重要的是保护周围环境。采用支护结构开挖基坑，基坑工程的费用要提高，一般情况下工期也要延长，因此应对支护结构进行精心的设计和施工。

9.1.2　基坑工程施工对周围环境的影响

深基坑开挖不仅要保证基坑本身的安全与稳定，还应有效控制基坑周围地层移动以保护周围环境。基坑开挖施工时，经常引起周围土体较大的变形，从而影响基坑周围的建（构）筑物、道路、管线、机器设备等的正常使用，甚至造成破坏。

1. 基坑变形现象

基坑的变形是由于基坑内土体的挖除，打破了周围土体原来的平衡所造成的。其变形可以分为围护结构变形、基坑底部的隆起以及周围区域地表的沉降与水平位移三部分。基坑的典型变形形态如图 9.1 所示。

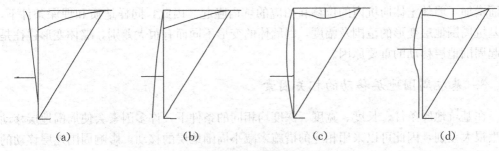

图 9.1　基坑变形模式图

长期工程实践的观测发现，地表沉降主要有两种分布形式：图 9.1（a）和图 9.1（b）为三角形，图 9.1（c）和图 9.1（d）为凹槽形。图 9.1（a）的情况主要发生在悬臂式围护结构上，图 9.1（b）发生在地层较软弱而且墙体的入土深度不大时，图 9.1（c）和图 9.1（d）则主要发生在设有良好的支撑，而且围护结构插入较好、土层或围护结构足够长时。

在基坑开挖过程中周围地表还同时伴随着水平位移，这种水平位移的大小随距基坑边的距离不同而异，使得周围的保护对象可能受到水平拉伸或压缩作用。

2.　基坑周围地层移动机理

基坑开挖的过程是基坑开挖面上卸荷的过程，由于卸荷而引起坑底土体产生以向上为主的位移，同时也引起围护墙在两侧压力差的作用下而产生水平向位移以及因此而产生的墙外侧土体的位移。可以认为，基坑开挖引起周围地层移动的主要原因是坑底的土体隆起和围护墙的位移。

（1）坑底土体隆起。坑底隆起是垂直向卸荷而改变坑底土体原始应力状态的反应。在开挖深度不大时，坑底土体在卸荷后发生垂直的弹性隆起。当围护墙底下为清孔良好的原状土或注浆加固土体时，围护墙随土体回弹而抬高。坑底弹性隆起的特征是坑底中部隆起最高，而且坑底隆起在开挖停止后很快停止。

这种坑底隆起基本不会引起围护墙外侧土体向坑内移动。随着开挖深度增加，基坑内外的土面高差不断增大，当开挖到一定深度，基坑内外土面高差所形成的加载和地面各种超载的作用，就会使围护墙外侧土体向基坑内移动，使基坑坑底产生向上的塑性隆起，同时在基坑周围产生较大的塑性区，并引起地面沉降。

（2）围护墙位移。基坑开始开挖后，围护墙便开始受力变形。在基坑内侧卸去原有的土压力时，在墙外侧则受到主动土压力，而在坑底的墙内侧则受到全部或部分的被动土压力。由于总是开挖在前，支撑在后，所以围护墙在开挖过程中，安装每道支撑以前总是已发生一定的先期变形。挖到设计坑底标高时，墙体最大位移发生在坑底面下 1～2 m 处。围护墙的位移使墙体主动压力区和被动压力区的土体发生位移。墙外侧主动压力区的土体向坑内水平位移，使背后土体水平应力减小，以致剪力增大，出现塑性区。而在基坑开挖面以下的墙内侧被动压力区的土体向坑内水平位移，使坑底土体加大水平向应力，以致坑底土体剪应力增大而发生水平向挤压和向上隆起的位移，在坑底处形成局部塑性区。

墙体变形不仅使墙外侧发生地层损失而引起地面沉降，而且使墙外侧塑性区扩大，因而增加了墙外土体向坑内的位移和相应的坑内隆起。因此，同样地质和埋深条件下，深基坑周围地层变形的范围及幅度，因墙体的变形不同而有很大差别，墙体变形往往是引起周围地层移动的重要原因。

3. 基坑周围地层移动的相关因素

在基坑地质条件、长度、宽度、深度均相同的条件下，许多因素会使周围地层移动产生很大差别，因此可以采用相应的措施来减小周围地层的移动。影响周围地层移动的主要相关因素如下。

（1）支护结构系统的特征。

①墙体的刚度、支撑水平与垂直向的间距。一般大型钢管支撑的刚度是足够的。当墙厚已定时，加密支撑可有效控制位移。减少第一道支撑前的开挖深度以及减少开挖过程中的最下一道支撑距坑底面的高度对减少墙体位移有重要作用。

②墙体厚度及插入深度。在保证墙体有足够强度和刚度的条件下，恰当增加插入深度，可以提高抗隆起稳定性，也就可减少墙体位移。根据上海地铁车站或宽度 20 m 左右的条形深基坑工程经验，围护墙厚度一般采用 $0.05H$（H 为基坑开挖深度），插入深度一般采用 $0.6 \sim 0.8H$。对于变形控制要求较严格的基坑，可适当增加插入深度；对于悬臂式挡土墙，插入深度一般采用 $1.0 \sim 1.2H$。

③支撑预应力的大小及施加的及时程度。及时施加预应力，可以增加墙外侧主动压力区的土体水平应力，而减少开挖面以下墙内侧被动压力区的土体水平应力，从而增加墙内、外侧土体抗剪强度，提高坑底抗隆起的安全系数，有效地减少墙体变形和周围地层位移。根据上海已有经验，在饱和软弱黏土基坑开挖中，如能连续地用 16 h 挖完一层（约 3 m 厚）中一小段（约 6 m 宽）土方后，即在 8 h 内安装好两根支撑并施加预应力至设计轴力的 70%，可比不加支撑预应力时至少减少 50% 的位移。如在开挖中不按"分层分小段、及时支撑"的顺序，或开挖、支撑速度缓慢，则必然较大幅度地增加墙体位移和墙外侧地面沉降层的扰动程度，从而增大地面的初始沉降和后期的固结沉降。

④安装支撑的施工方法和质量。支撑轴线的偏心度、支撑与墙面的垂直度、支撑固定的可靠性、支撑加预应力的准确性和及时性，都是影响位移的重要因素。

（2）基坑开挖的分段、土坡坡度及开挖程序。

长条形深基坑按限定长度（不超过基坑宽度）分段开挖时，可利用基坑的空间作用，以提高基坑抗隆起安全系数，减少周围地层移动。同样，将大基坑分块开挖亦具有相同的作用。

在每段开挖的开挖程序中，如分层、分小段开挖、随挖随撑，可在分步开挖中，充分利用土体结构的空间作用，减少围护墙被动压力区的压力和变形，还有利于尽快施加支撑预应力，及时使墙体压紧土体而增加土体抗剪强度。这不仅减少各道支撑安装时的墙体先期变形，而且可提高基坑抗隆起的安全系数，否则将明显增大土体位移。

（3）基坑内土体性能的改善。

在基坑内外进行地基加固以提高土的强度和刚度，对治理基坑周围地层位移问题的作用，无疑是肯定的，但加固地基需要一定代价和施工条件。在坑外加固土体，用地和费用问题都较大，非特殊需要很少采用。一般说来在坑内进行地基加固以提高围护墙被动土压力区的土体强度和刚度，是比较常用的合理方法。在软弱黏性土地层和环境保护要求较高的条件下，基坑内土体性能改善的范围，应考虑自地面至围护墙底下被挖槽扰动的范围。

（4）开挖施工周期和基坑暴露时间。

在黏性土的深基坑施工中，周围土体均达到一定的应力水平，还有部分区域成为塑性区。由于黏性土的流变性，土体在相对稳定的状态下随暴露时间的延长而产生移动是不可避免的，特别是剪应力水平较高的部位，如在坑底下墙内被动区和墙底下的土体滑动面，都会因坑底暴露时间过长而产生相当的位移，以致引起地面沉降的增大。特别要注意的是每道支撑挖出槽以后，如延搁支撑安装时间，就会明显地增加墙体变形和相应的地面沉降。在开挖到设计坑底标高后，如不及时浇筑好底板，使基坑长时间暴露，则因黏性土的流变性亦将增大墙体被动压力区的土体位移和墙外土体向坑内的位移，因而增加地表沉降，雨天尤甚。

（5）水的影响。

雨水和其他积水无抑制地进入基坑，而不及时排除坑底积水时，会使基坑开挖中边坡及坑底土体软化，从而导致土体发生纵向滑坡，冲断基坑横向支撑，增大墙体位移和周围地层位移。

（6）地面超载和振动荷载。

地面超载和振动荷载会减少基坑抗隆起安全度，增加周围地层位移。

（7）围护墙接缝的漏水及水土流失、涌砂。

含水砂层中的基坑支护结构，在基坑开挖过程中，围护墙内外形成水头差，当动水压力的渗流速度超过临界流速或水力梯度超过临界梯度时，就会引起管涌及流砂现象。基坑底部和墙体外面大量的砂随地下水涌入基坑，导致地面坍陷，同时使墙体产生过大位移，甚至引起整个支护系统崩坍。

9.1.3　基坑工程施工的环境保护措施

如前所述，基坑工程施工对环境影响的因素很多，这就要求我们采用具体工程具体分析的策略，抓住主要矛盾，采取有效措施，控制施工扰动影响。如对砂性土地基中的基坑工程，当地下水较丰富时，应重视采用合理的降（止）水措施，地下水的问题处理好了，就有效地减小了基坑工程施工扰动对周围环境造成的影响；对软黏土地基中的基坑工程，围护结构的位移是产生周边土体沉降的主要原因，采取措施减小围护结构位移可有效减小基坑扰动对周围环境的影响。

此外，基坑工程施工扰动影响控制应采用综合治理的方法。基坑工程是一项系统工程，从围护结构的合理设计，到基坑工程信息化施工、重视现场监测，以及对周围建（构）筑物和地下管线是否需要进行主动保护或被动保护等，均应统一考虑。只有进行综合治理，才能取得较好的社会效益和经济效益。

1. 围护结构形式的合理选用及优化设计

选择合理的围护结构形式和优化设计对减少深基坑施工对环境的影响至关重要。一般而言，采用内撑式围护结构形式，坑周土体位移最小。从减小基坑工程施工扰动影响出发，应首选内撑式围护结构形式。但从工程应用上，基坑工程施工扰动满足不影响坑周原有建（构）筑物和地下管线的安全及正常使用即可。因此，基坑工程围护体系的选用原则是安全、经济、方便施工，选用方式确定要因地制宜。这里安全的要求，不仅指围护体系本身安全，保证基坑开挖和地下结构施工顺利，而且包括周围原有建（构）筑物和地下管线的安全和正常使用。

围护结构形式的合理选用应该做到因地制宜，要根据基坑工程周围建（构）筑物对围护结构变形的适应能力，选用合理的围护形式进行围护体系设计。地质条件和挖土深度相同的条件下，满足相同变形要求的不同围护体系形式的工程费用可能会相差很多。对同一工程，允许围护结构位移量不同，满足要求的围护结构体系工程费用相差也很多。因此，合理控制围护结构允许位移，合理选用围护结构形式具有重要的意义。

在基坑围护结构设计中除合理选用围护结构形式外，也要重视结构优化设计。以内撑式排桩墙结构体系为例，内撑位置、桩径、桩长、桩距均对围护结构变形有重要影响。为了满足小于一定变形的要求，又达到节省工程投资的目的，可通过结构优化设计确定内撑位置、桩径、桩距和桩长。

基坑工程应该采用变形控制设计。根据围护结构设计，计算围护结构位移。如其位移满足要求，完成设计；如不能满足要求，则需重新进行结构设计。如对内撑式围护结构，则通过增大桩径、桩长或增加支撑来减小位移，或通过被动区土体土质改良等措施减小位移，直至位移满足要求为止。

2. 信息化施工

基坑工程施工扰动影响因素很多，这与基坑工程的特性有关。基坑工程区域性、个性很强，基坑工程还具有较强的时空效应，是综合性很强的系统工程。基坑围护体系是临时结构，安全储备较小，具有较大的风险性。为了控制基坑工程施工扰动影响，除了加强基坑工程施工扰动影响动态预报，合理选用基坑围护结构形式以及按变形控制设计外，强调采用信息化施工技术具有特别重要的意义。

信息化施工技术的基本思路如下：根据围护结构设计编制施工组织设计和现场监测设计，边施工，边监测。根据监测情况，预报下一步施工是否安全。在确保安全施工前提下，才进行下一步施工。如出现事故苗头，应调整施工计划，或修改围护体系设计，或采用应急措施予以排除。

3. 基坑工程施工扰动影响控制方法

控制基坑工程施工扰动影响除了选用合理的围护结构形式，进行合理设计，实行信息化施工外，还可采用下述措施减少基坑工程施工扰动影响。

（1）基坑工程围护结构被动区和主动区土体土质改良。

基坑工程被动区和主动区土质改良，能相应有效增大作用在围护结构上的被动土压力和减小作用在围护结构上的主动土压力，改善围护结构受力状态，减小围护结构变形。被动区土体土质改良和主动区土体土质改良两者相比，前者对减小围护结构变形更为有效。在软土地基基坑工程中常采用被动区土体土质改良来减小围护结构变形，达到减小基坑施工扰动影响的目的。

被动区土体土质改良常采用深层搅拌法、高压喷射注浆法或注浆法施工。施工方法的选择应根据工程地质条件和工程具体情况合理选用，如施工条件、工程桩情况等。

土质改良范围应通过计算确定，根据变形控制设计并通过经济比较确定合理的土体土质改良范围，如土体土质改良区域的深度、厚度和宽度。

（2）回灌地下水。

基坑工程中，为保证土方开挖和地下结构施工具有不湿的施工环境，常采用降（排）水或排水措施。各类基坑围护体系中，对地下水处理大致可分为两类：一类坑内坑外均采取降（排）水措施，如土钉墙支护、放坡开挖等；一类采用止水帐幕，仅在坑内进行降（排）水措施。无论是第一类还是第二类，基坑内部地下水位下降势必引起基坑外地下水位下降。不同的是第一类坑内地下水位下降对坑外地下水位下降影响范围大，地下水下降幅度大，而第二类对坑外地层中地下水下降影响范围较小，且下降幅度也小。地层中地下水位下降势必引起地面沉降。

为了减小地下水位下降引起地面沉降，可采用回灌地下水的方法，通过回灌地下水提高需要保护的建（构）筑物地基中的地下水位。

（3）补偿注浆。

基坑工程土方开挖引起围护结构位移，围护结构位移引起坑周土体位移，造成地面沉降和水平位移。通过压密注浆来补偿围护结构位移造成的土体"损失"，则可减小基坑工程施工扰动引起的地面沉降和水平位移。

补偿注浆可结合信息化施工进行，通过现场监测来控制注浆速度和注浆量。此外，补偿注浆可能增大作用在围护结构上的主动土压力，在围护结构设计时应予以考虑。

（4）建（构）筑物地基加固或基础托换。

为了减小基坑工程施工扰动对周围建（构）筑物影响，可在基坑工程土方开挖前对已有建（构）筑物地基基础进行加固，该类方法也可称为主动保护法。常用加固方法有注浆法、锚杆静压桩法、树根桩法、高压喷射注浆法等。

9.2　地下开挖对环境的影响

在软土地层中，地铁、污水隧道等常采用盾构法施工。盾构在地下推进时，在隧道上面的地表会发生不同程度的变形，这种现象在松软含水地层或其他不稳定地层中尤为显著。地表变形的程度与隧道的埋深和直径、地层的特性、盾构的施工方法、衬砌背面的压浆工艺、地面建筑物基础的形式等都有密切的关系。

9.2.1　地表变形的基本规律

盾构法施工时，沿隧道纵向轴线所产生的地表变形，一般在盾构前方约和盾构深度相等的距离内地表开始产生隆起，在盾构推过以后地表逐渐下沉，其下沉量随时间的推移由增加而最终趋于稳定，其变形规律见图 9.2。

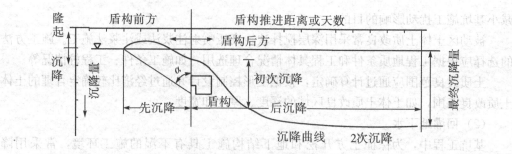

图 9.2　地表沉降纵断面图

在隧道横向上所产生的地表变形，当一个盾构施工时，其变形范围基本上接近土的破坏棱体；当两个盾构施工时，其变形破坏角 α 约在 $45°\sim47°$ 之间，见图 9.3。

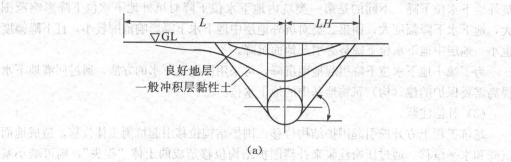

(a)

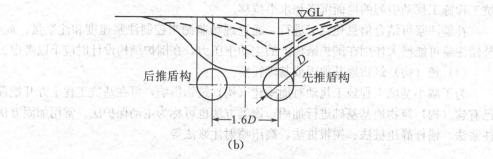

(b)

图 9.3　地表沉降横断面图

（a）单线盾构；（b）双线盾构

不同的盾构施工方法，其变形规律及影响范围大致相同，但变形量的差异很大。如采用全闭胸挤压盾构推进时，地面会产生很大的隆起，当隧道埋深为 $6\sim10$ m 时，地表隆起可达 $3\sim3.5$ m。盾构推过以后，沿隧道顶部地面上出现明显的凹槽，有时可深达 $1\sim2$ m。采用气压盾构或局部挤压盾构等施工时，盾构前面隆起现象会相应减小。一般情况是隆起越多，盾构过后沉降越大。施工掌握好时，地表沉降量可控制在 50 mm 左右，最大也不超过 100 mm。

在盾构法施工中，对地表变形问题应予以足够的重视，特别是在城市街道或建筑群下进行隧道施工时，更应充分了解地下岩土结构和性质，采取各种技术措施精心施工，严防地表下沉过大而危及地下管线及地面建筑物的正常使用。

9.2.2　地表变形的产生原因

地表变形的产生原因主要有以下方面：

（1）盾构掘进时开挖面土体的松动和崩坍，破坏地层平衡状态，造成土体变形而形成地表下沉。

（2）盾构施工中经常采用降水措施，由于井点降水导致在井点管四周形成漏斗状曲面，更由于周围地下水的不断补充而产生土层内的动水压力，导致土中有效应力增加而产生固结沉降。

（3）采用气压盾构施工时，压缩空气疏干土层后，由于地下水浮力的消失，土体自重压力的增加，从而加速地层的固结沉降，引起地表下沉。

（4）盾构尾部建筑空隙充填不实导致地表下沉。

（5）隧道衬砌结构受力后产生的变形也会导致地表的微量下沉。

总之，盾构法施工导致地表变形的因素很多，对于具体的某种盾构施工方法，在特定的地质条件下，要较准确地预计其沉降量还是有困难的。为此，在施工前应在一段空地上布置地表变形测点，以便施工时实测试验地表变形情况。在取得试验数据的基础上，改进或采取相应的施工技术措施后，才可逐步进入城市街道及建筑群下施工。否则，可能会产生严重的后果。

9.2.3　地表变形的控制

用盾构法修建隧道，目前还不可能完全防止地表变形。但采取各种相应的技术措施后，能够减少地表变形及使地表下沉得到控制。控制地表变形的措施一般有：

（1）在施工中采用灵活合理的正面支撑结构，或适当地压缩空气压力来疏干开挖面土层，保持开挖面土体的稳定。

（2）尽可能采用技术上较先进的盾构，如泥水加压盾构、土压平衡式盾构等，这类盾构在掘进过程中基本上不改变地下水位，可以减少由于地下水位变化而引起的土体扰动。

（3）在盾构掘进过程中，严格控制开挖面的挖土量，防止超挖。

（4）应限制盾构推进时每环的纠偏量，以减少盾构在地层中的摆动；在纠偏时应尽量减少开挖面的局部超挖，以控制纠偏推进时的地表下沉。

（5）提高隧道施工速度，减少盾构在地下的停搁时间。

（6）加强盾构与衬砌背面之间建筑空隙的充填措施。

（7）在选择用盾构法建造的隧道线路时，要尽量避开地面建筑群，并使建筑物处于地表沉降较为均匀的范围内。当盾构双线推进时，还应考虑盾构先后施工而导致的二次地表沉降影响。对隧道修建的地质情况，必须进行详细的勘察，以便对不同的地质条件采用相应的合理盾构开挖方法。必要时在盾构出洞后，在一段距离上进行地表沉降及隆起等变形观测，以取得实测资料，为控制地表变形提供依据。

9.3 地基基础施工对环境的影响与防护

9.3.1 沉桩施工对环境的影响及其防护措施

在密集建筑群中间打桩施工时，对周围环境的影响主要表现在挤土问题以及打桩的噪声、振动等对周围环境、邻近建筑物及地下管线的不利影响。

1. 挤土效应及其防护措施

预制桩及沉管灌注桩等挤土桩，在沉桩过程中，桩周地表土体隆起，桩周土体受到强烈挤压扰动，土体结构被破坏，造成桩周土体产生较大的应力增量，使周围土体产生侧向挤压变形和竖向变形，这种现象称为挤土效应。如在饱和的软土中沉桩，在桩表面周围土体中产生很高的超孔隙水压力，使得有效应力减小，导致土的抗剪强度大大降低，随着时间的推移，超孔隙水压力逐渐消散，桩间土的有效应力逐渐增大，土的强度逐渐恢复。根据实测表明，地面隆起量与打桩速率、桩数有直接的关系，打桩速率越快，隆起量也越大。

挤土效应对周围环境的影响最大。桩打入地下时，桩身将置换同体积的土。因此在打桩区内与打桩区外一定范围内的地面，会发生竖向和水平向的位移。大量土体的移动常导致邻近的建筑物发生裂缝、道路路面损坏、水管爆裂、煤气泄露、边坡失稳等一系列事故。

挤土效应主要与桩的排挤土量有关。按挤土效应，桩可分为：①挤土桩，也称排土桩。原始土层结构遭到破坏，主要有打入或压入的预制桩、封底的钢管桩、沉管式就地灌注桩等。②部分挤土桩，也称微挤土桩。成桩过程中，桩周围的土层受到轻微的扰动，土的原始结构和工程性质的变化不明显，主要有打入的小截面I型、H型钢桩，钢板桩，开口式钢管桩。③非挤土桩，也称非排土桩。成桩过程中将与桩体积相同的土排出，桩周围的土较少受到扰动，但有应力松弛现象，主要有各种形式的挖孔、钻孔桩等。

桩的挤土机理十分复杂，它除与建筑场地土的性质有关外，还与桩的数量、分布密度、打桩的顺序和速度等因素有关。桩群挤土的影响范围相当大，根据工程实践的经验，影响范围大约为1.5倍的桩长。

在挤土桩施工区内，可根据基础平面形状、桩数、桩径、桩长、桩距、地质条件、地下水位高低情况、施工期等诸因素，合理选择防护措施，达到消除或减少挤土效应对周围环境的影响。主要方法如下：

(1) 预钻孔取土打桩。先在桩孔位置钻成一直径不大于桩径2/3，深度不大于桩长2/3的孔，然后在孔位上打桩。根据工程实践经验，采用预钻孔沉桩法可明显改善挤土效应，地基明显改善，地基土变位可减少30%～50%，超孔隙水压力值可减少40%～50%，并可减少对已沉入桩的挤推和上浮，也有利于减少对周围环境的影响。

（2）采用降低地下水位或改善地基土排水特性的方法。通常采用井点或集水井降水措施，或采用袋装砂井、砂桩、碎砂石桩、塑料排水板等排水措施，减少和及时疏导由沉桩引起的超静孔隙水压力，防止砂土液化或提高邻近地基土体的强度以增大其对地基变位的约束作用，从而减少地基变位的影响范围。一般采用砂井等排水措施，可降低超孔隙水压力 40% 左右，袋装砂井直径一般为 70～80 mm，间距 1～1.5 m，深度10～12 m。

（3）合理安排打桩方向。背着建（构）筑物打桩对减少打桩施工对管道和建（构）筑物影响的效果较好，比对着建（构）筑物打桩其挤压影响要小得多。这是因为先打入的桩，或多或少具有遮帘的作用，使挤土的方向有所改变，从而起到保护建（构）筑物的作用。

（4）控制打桩速率。打桩速率是指每天的打桩数。每天入土桩数越多，孔隙水压力的积累越快，土的扰动越严重，因此打桩的影响也越严重。特别是打桩后期，桩区内入土桩数已有一定数量，土体可压缩性逐渐丧失，因此打桩速率的影响特别敏感，必须加以控制。速率控制多少为宜，应根据工程的具体情况以及周围建筑物的反应而定。

（5）设置防挤防震沟。挖沟的深度通常不大于 2 m，有时可在沟内回填砂或建筑垃圾等松散材料。这种措施，主要是减少表层的挤压作用，对浅埋的管线能起到一定的保护效果。但采取这一措施时要注意，不能因沟的坍塌而造成损害。

2. 沉桩振动及防护

打桩时会产生一定的振动波向四周扩散。对人来说，较长时间处在一个周期性微振动作用下，会感到难受。特别是住在木结构房屋内的居民，地板、家具都会不停地摇晃，对年老有病的人影响尤大。

通常情况下，振动对建筑物不会造成破坏性的影响。打桩与地震不一样，地震时地面加速度可以看作一个均匀的振动场，而打桩是一个点振源，振动加速度会迅速衰减，是一个不均匀的加速度场。现场实测结果表明，打桩引起的水平振动约为风振荷载的5% 左右，所以除一些危险性房屋以外，一般无影响。但打桩锤击次数很多时，对建筑物的粉饰、填充墙会造成损坏；另外，振动会影响附近的精密机床、仪器仪表的正常运行。

打桩振动危害的影响程度不仅与桩锤锤击能量、桩锤锤击频率、离打桩区的距离有关，而且取决于打桩区的地形、地基土的成层状态和土质、邻近建筑物的结构形式及其规模大小、重量和陈旧程度、建筑物的设备运转对振动影响的限制要求等。

为了缩短打桩振动影响时间和减少振动影响程度，可在打桩施工中采用特殊缓冲垫材或缓冲器，合理选择低振动强度和高施工频率的桩锤，采取桩身涂覆减少摩阻力的材料以及与预钻孔法、掘削法、水冲法、静压法相结合的打桩施工工艺，控制打桩施工顺序（由近向远）等防护措施。

3. 打桩噪音及防护

在沉桩过程中会产生一定的噪音，噪音在空气中以平面正弦波传播，并按音源距离对数值呈线性衰减。一般以音压单位 dB 来衡量噪音的强弱及其危害程度。噪音的危害不仅取决于音压大小，而且与持续时间有关。沉桩施工工艺不同，噪音音压也有所不同。住宅区噪音一般应控制在 70~75 dB，工商业区噪音可控制在 75~80 dB。当沉桩施工噪音高于 80 dB 时，应采取减小噪音的处理措施。

一般可采取以下几种基本防护措施：

（1）音源控制防护。如锤击法沉桩可按桩型和地基条件选用冲击能量相当的低噪音冲击锤，振动法沉桩选用超高频振动锤和高速微振动锤，也可采用预钻孔辅助沉桩法、振动掘削辅助沉桩法、水冲辅助沉桩法等工艺。同时可改进桩帽、垫材以及夹桩器来取得降低噪音的效果。在柴油锤锤击法沉桩施工中，还可用桩锤式或整体式消音罩装置将桩锤封隔起来。

（2）遮挡防护。在打桩区和受音区之间设置遮挡壁可增大噪音传播回折路线，并能发挥消音效果，显著增大噪音传播时的衰减量。通常情况下遮挡壁高度不宜超过音源高度和受音区控制高度，一般以 15 m 左右比较经济合理。

（3）时间控制防护。控制沉桩施工时间，午休和晚上停止沉桩施工，以尽可能减小对打桩区邻近住宅区的噪音危害，保证周围居民正常生活和休息。

9.3.2 强夯施工对环境的影响及其防护措施

强夯法，又称动力固结，是在重锤夯实法基础上发展起来的一种地基处理方法。它利用起重设备将重锤（一般 80~250 kN）提升到较大的高度（10~40 m），然后使重锤自由落下，以很大的冲击能量（800~10000 kJ）作用在地基上，在土中产生极大的冲击波，以克服土颗粒间的各种阻膨胀性等。强夯法是一种简便、经济、实用的地基加固处理方法。

强夯所产生的扰动包括强夯加固区域的土体有利扰动及所引起的周围环境公害的不利扰动两种。强夯的巨大冲击能量可使附近的场地下沉和隆起，并以冲击波的形式向外传播，对邻近的土体及周围建（构）筑物产生扰动影响，引起场地表面和建（构）筑物不同程度的损伤与破坏，对人的身心健康造成危害，并产生振动和噪声等环境公害。

由于强夯施工会引起地表与周围建（构）筑物不同程度的损坏和破坏等环境公害，因此应根据地基土的特性结合强夯对周围建筑物的不利扰动影响，确定最佳的强夯能量与强夯方案，同时采取合理的隔振、减振措施，将强夯扰动所引起的环境公害降到最低程度。

常见的隔振措施是采用挖掘隔振沟、钻设隔振孔。在中、强不利扰动区，采用隔振沟可消除 30%~60% 的振动能量。另外，也可对建（构）筑物本身采取合理的减振、隔震措施。

第 10 章　城市生活垃圾的卫生填埋

10.1　概述

生活垃圾指居民日常生活中或者为日常生活提供服务的活动中产生的固体垃圾。主要包括：厨余物、废纸、废织物、废旧家具、玻璃陶瓷碎片、废电器制品、废塑料制品、煤灰渣、粪便、废交通工具和庭院垃圾。我国生活垃圾一般指城市生活垃圾，主要来自以下几个方面：居民生活垃圾、商业垃圾、集市贸易市场垃圾、街道清扫垃圾、公共场所垃圾，机关、学校、厂矿等单位的生活垃圾。

据统计，全世界垃圾年均增长速度为 8.42%，而中国垃圾增长率达到 10% 以上。全世界每年产生 4.9 亿吨垃圾，仅中国每年就产生近 1.5 亿吨城市垃圾。中国城市生活垃圾累积堆存量已达 70 亿吨，占地约 75 万亩。堆放在城郊和农村的垃圾，大量占用并破坏了人类赖以生存的土地资源。

10.1.1　城市生活垃圾的处理技术

城市生活垃圾处理技术主要包括以下几种。

1. 卫生填埋技术

卫生填埋是利用自然界的代谢机能，按照工程理论和土工标准，对垃圾进行土地处理和有效控制，寻求垃圾的无害化与稳定化的一种处置方法。垃圾卫生填埋是垃圾处理的最基本方法。卫生填埋是从简易的垃圾堆放和填地处理发展起来的一种垃圾处理技术，通俗地说，垃圾填埋就是将垃圾埋入土地，垃圾卫生填埋就是不造成污染的垃圾填埋。现代的卫生填埋与传统的堆填处理有着本质的区别，完全符合现行的环保要求。由于卫生填埋安全可靠、投资较省、运行费用较低，已广泛应用于许多国家。

卫生填埋技术起步于 20 世纪 30 年代，经过多年的研究和发展，各国在卫生填埋的规划、设计、施工、管理等方面积累了丰富的经验，并开发出成套技术及设备。目前，卫生填埋仍是各国广泛采用的垃圾处理方式。虽然各国在填埋工艺、填埋作业、防渗设计、渗滤液处理、填埋气体处理和利用等方面进行了大量的研究并取得了很多成果，但是由于卫生填埋研究涉及化学、微生物学、水文地质学和工程学等多种学科，特别是垃圾成分复杂、变化规律性差，还有一些技术问题尚未得到解决，如渗滤液的深度处理、人工衬垫材料的耐久性和经济性等问题尚需进一步研究。

进入 20 世纪 90 年代，发达国家在卫生填埋技术方面，除继续研究各重点问题外，出现了垃圾填埋处理比例有所缩减的趋势。部分国家从政治上和技术上限制城市垃圾的填埋处理，如奥地利首都维也纳市已明确规定从 1996 年下半年开始，凡是未经过处理的垃圾不得直接填埋；丹麦从 2000 年起禁止填埋易腐垃圾；荷兰禁止填埋可燃垃圾；等等。

2. 垃圾焚烧

垃圾焚烧是将城市垃圾进行高温热处理，在焚烧炉膛内，垃圾中的可燃成分与空气中的氧气进行剧烈的化学反应，放出热量，转化为高温的燃烧气和少量性质稳定的固体残渣。燃烧气可以作为热源回收利用热能，残渣可直接填埋处置，其体积约为原生垃圾的 5％～10％，重量约为原生垃圾的 10％～25％。

焚烧技术开始于 19 世纪末，但直到 20 世纪 60 年代才得到广泛应用。由于焚烧技术具有无害化、减量化和资源化程度高的特点，因此在一些发达国家尤其像日本等经济发达而土地资源紧张的国家倍受欢迎，并且所占比例呈逐年上升趋势。

垃圾焚烧一般和能源利用相结合，欧美各国积极推行垃圾焚烧发电技术，其中日本的垃圾焚烧发电技术较为普及。截至 1993 年，日本共有 122 座垃圾焚烧发电装置，垃圾焚烧能力为 6 万 t/d，设备发电能力为 39 万 kW。

进入 20 世纪 90 年代，随着人们对废气中有害物质给人体健康造成危害的进一步认识，各国对新建焚烧厂开始持慎重态度，并开始注重对焚烧废气排放控制及污染治理的研究，力争将焚烧可能产生的二次污染降低到最小。

3. 堆肥技术

堆肥是依靠自然界中广泛存在的细菌、放线菌、真菌等微生物，人为地、可控制地促进垃圾中可被生物降解的有机物向稳定腐殖质转化的生物化学过程。通过堆肥可以将垃圾中的易腐有机物转化为有机肥料。堆肥是垃圾的一种无害化的稳定形式。

垃圾堆肥技术的科学探讨始于 1920 年，20 世纪 30 年代欧洲一些国家开始大规模应用堆肥技术处理垃圾。20 世纪 50 年代，美国对堆肥技术进行了一些研究，并建造了一些堆肥厂，由于垃圾成分不同，各堆肥厂片面追求利润，大部分堆肥厂不得不倒闭。日本以处理城市垃圾为目的的正规堆肥设施始建于 1955 年，以后 10 年中堆肥设施数目增加到 30 多座，但由于堆肥质量低、销路不佳，有些堆肥厂陆续停产或倒闭，至 1976 年 8 月，运转的堆肥厂只剩 8 座，堆肥法处理垃圾的量占全国垃圾总量的 0.23％。80 年代初，由于垃圾资源化处理的热潮兴起，日本又开始重视垃圾堆肥处理，堆肥所占比例 1987 年达 4.0％，1992 年达 8.9％。

近些年来，发达国家在抑制垃圾填埋处理量的同时，大力提倡和推行高温堆肥法处理生活垃圾，有一部分国家已在此方面制定了相应的政策法规。

4. 回收和综合利用

近二十年来，发达国家大力推行垃圾的回收和综合利用，以实现城市垃圾减量化与资源化的目的。它们通过制定符合本国国情的有关法律、规章和各种标准，减少垃圾产生量，尽可能回收利用，减少最终处理及处置量，尽可能延长填埋场使用时间和减少二次污染。回收及综合利用最直接的表现就是分类收集的广泛推广和垃圾排放税费机制的普遍实行，政府可以通过政策、价格机制及资金资助等手段，鼓励先进的、更有利于垃圾减量和资源回收利用的垃圾处理技术的应用和发展，实现城市环境资源的可持续发展。如美国年垃圾回收利用率为 19％，1996 年上升到 28％；德国 1996 年城市垃圾回收利用率为 10％，2000 年已达到 35％以上。

比较生活垃圾的处理技术，主要从以下几个方面着手：技术的可靠性、经济性和实用性。由于各地具体情况不同及生活垃圾的性质差异，对生活垃圾处理技术的选择也难以统一，很难绝对说哪种方式最好，应该因地制宜。从我国目前城市生活垃圾的处理实际现状及与岩土工程的关系出发，本章主要介绍生活垃圾卫生填埋技术。

10.1.2 卫生填埋场的形式和组成

大多数卫生填埋场工程的设计和施工项目大致包括：填埋场选址、场地平整、基底处理、填埋单元划分、周边和单元间的通道设计、组合衬垫材料及其系统设计、渗滤液收集和排放系统设计、气体收集系统设计、最终覆盖材料及其系统设计、填埋场沉降计算、边坡稳定分析、雨水管理系统设计、地下水监测系统设计、填埋气体监测系统设计以及施工质量控制等。

卫生填埋场中，不同填埋单元之间的相互联系和填埋的次序在填埋场设计中十分重要。根据这些单元的组合形式，按几何外形可将填埋场的形式分成以下五类，如图 10.1 所示。

1. 平地堆填

该方式的填埋过程只有很小的开挖或不开挖，通常适用于比较平坦且地下水埋藏较浅的地区，见图 10.1 （a）。

2. 地上和地下堆填

该方式的填埋场由同时开挖的大单元双向布置组成，一旦两个相近单元填起来了，它们之间的面积也可被填起来。通常用于比较平坦但地下水埋藏较深的地区，见图 10.1 （b）。

3. 谷地堆填

该方式堆填的地区位于天然坡度之间，可能包括少许地下开挖，见图 10.1 （c）。

4. 挖沟堆填

该方式与地上和地下堆填相类似，但其填埋单元是狭窄和平行的，通常仅用于比较小的废物沟，见图 10.1 (d)。

5. 坡地堆填

该方式利用坡地和挡土墙拦蓄固体废弃物，通常适用于山坡地区，见图 10.1 (e)。

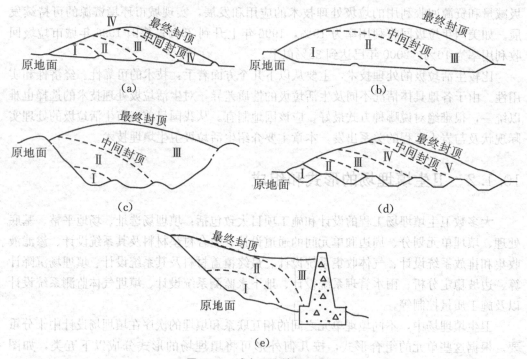

图 10.1 城市卫生填埋场类型

(a) 平地堆填；(b) 地上和地下堆填；(c) 谷地堆填；(d) 挖沟堆填；(e) 坡地堆填

典型的卫生填埋场一般是由封顶层、复合型底部衬垫层及废弃物堆积体（包括填埋场内气体和渗滤液的管理系统）等构件组成，如图 10.2 所示。在现代卫生填埋场设计中，最关键的部位包括组合衬垫系统、渗滤液收集系统、气体收集系统和最终覆盖（封顶）系统等。

组合衬垫系统位于填埋场底部和四周，它是一种水力屏障，用来隔离固体废弃物和渗滤液以防止对填埋场四周的土及水系产生污染，是填埋场最重要的组成部分。填埋场渗滤液是由于降水经过垃圾土过滤和对垃圾土压榨产生的，它是一种典型的污染液，若不加处理排入周围土体及水系中，将对土体和水系产生严重污染。渗滤液收集系统用来收集填埋场中产生的渗滤液，并将其排放至废水处理站或集水池集中进行处理。城市固体废弃物分解时会产生大量气体，其中两个主要成分为甲烷（CH_4）和二氧化碳（CO_2）。气体收集系统用来收集废弃物中有机成分分解时产生的气体，收集后的气体可以用来发电或有控制地进行燃烧。对填埋场进行封顶的目的是尽量减少封闭后降水对填埋场的渗入，以减少渗滤液的产生。

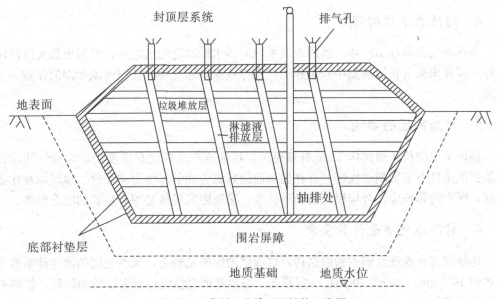

图 10.2　典型卫生填埋场结构示意图

10.1.3　卫生填埋场的选址原则

进行垃圾填埋场设计和施工的首要任务是选址。从工程安全角度出发，填埋场的选址应确保其周边环境（生态环境、水环境、大气环境）以及人类的生存环境等的安全；从经济角度考虑，只有通过先进的选址技术才能达到节省工程造价的目的。垃圾填埋场选址的基本准则如下。

1.　选址总原则

垃圾填埋场的选址应以合理的技术方案和尽量少的投资，达到最理想的经济效益，实现保护环境的目的。

2.　场地位置

垃圾填埋场，应在城市工农业发展风景规划区、自然保护区之外，应在行洪区或洪泛区、供水水源保护区和供水远景规划区之外，应在机场、湿地和地震冲击区（20 年内地震加速度超过 0.19 m/s^2 的概率不低于 10%的地区）以外，应具备较有利的交通条件。

3.　场地地形

场地坡度应有利于填埋场施工和其他配套建筑设施的布置。垃圾填埋场不宜选址在地形坡度起伏变化大的地方和低洼汇水处。原则上，地形的自然坡度不应大于 5%，场地内有利地形范围应满足使用年限内可预测的有害废物产生量，应有足够的可填作业的容积，并留有余地。应利用现有自然地形空间，将场地施工土方量减至最小。

4. 对地表水域的保护

所选场地必须在 100 年一遇的地表水域的洪水标高泛滥区之外，或历史最大洪泛区以外；应在未来（长远规划中）可预见的水库或保护区之外；应与河流和湖泊保持一定距离。

5. 对居民区的影响

场址至少应位于居民区 1 km 外或更远。运输或作业期间有害废物飘尘或气味应在气象扩散条件下不影响居民区，并在建场前做好该方面的环境影响评价。填埋场在作业期间，噪声的影响应符合居民区的噪声标准。场地距居民区必须有足够的安全距离。

6. 对场地地质条件的要求

场址应选在渗透性弱的松散结构岩层或坚硬层的基础上，天然地层的渗透性系数最好达到 10^{-6} cm/s 以下，并具有一定厚度。场地基础岩性应对有害物质的运移、扩散有一定的阻滞能力，最好为黏性土、砂质黏土以及页岩、黏土岩或致密的火成岩。场地应避开断层活动带、构造破坏带、褶皱变化带、地震活动带、石灰岩洞发育带、废弃矿区或坍陷区、含矿带或矿产分布区，以及地表为强透水层的河谷区或其他沟谷分布区。

7. 对场地水文地质条件的要求

场地基础应位于地下水（潜水或承压水）最高峰水位标高至少 1 m 以上，及地下水主要补给区范围之外；场地应位于地下水的强径流带之外；场地内地下水的主流向应背向地表水域。场址不应直接选择在渗透性强的地层或含水层之上，应位于含水层的地下水水力坡度平缓地段。场地选择应确保地下水的安全，且应设有保护地下水的严密技术措施。

8. 对场地工程地质条件的要求

场地应选在工程地质性质有利的密实土层和坚硬岩层之上，并具有一定厚度，以起到良好的防止污染的屏障作用。场址基础的密实土层或坚硬岩层的工程地质力学性质，应保证场地基础的稳定性和使沉降量最小，并有利于填埋场地边坡稳定性的要求。场地应位于不利的自然地质现象如滑坡、倒石堆等的影响范围之外。

9. 对填埋场密封层和排水层材料的要求

作为防渗层使用的黏土密封层材料和作为排水层的滤料材料，因用量大，为节省投资，应尽量就地取材，并应有充足的可采量和质量来保证填埋场的施工要求。

10. 对场地使用面积的要求

填埋场场地应选择具备充足的可使用面积的场址，以有利于满足废弃物综合处理长远发展规划的需要；应有利于二期工程或其他后续工程的新建使用；应为城市工业废物和生活垃圾集中排放和管理，以及综合治理打下良好的基础。

10.2　防渗衬垫系统的设计

10.2.1　防渗衬垫系统的基本要求和设计原则

城市固体废弃物填埋场是控制固体废弃堆填物的一种方法，其填埋地点必须能防止地下水污染，有利于废气排放，并有一个渗滤液收集系统和能对场地周围的地下水和气体进行监测的系统。填埋场所有系统中最关键的部位是衬垫系统，位于填埋场底部和四周侧面，是一种水力隔离措施，用来将固体废弃物和周围环境隔开，避免废弃物污染周围的土地和地下水。

衬垫系统的作用是防止填埋场中有害的渗滤液下渗污染地下水及其附近的土壤。填埋场的衬垫大体可分为压实黏土衬垫系统和复合衬垫系统两大类。填埋场为了保护地下水可以从两个方面实现：一个方面是在选择场地时，应按照场地选择标准合理选址；另一方面是从设计、施工方案以及填埋方法上来实现，采用防渗的衬里，建立渗滤液收集监测处理系统等。

1.　防渗衬垫系统的基本要求

世界各国均要求卫生填埋场设有防渗衬垫，不管是天然的还是人工的，其水平、垂向两个方向的渗透系数必须小于 10^{-7} cm/s，其抗压强度必须大于 0.6 MPa。

因垃圾成分复杂，填埋后生物递降分解的速度很慢，大约需要百年，所以工业先进国家要求用卫生填埋场防渗衬垫的材料必须进行抗百年的加速老化试验。因为防渗衬垫和排水层具有一定的强度，所以在设计填埋场底层时，必须考虑好渗滤液流出所必需的坡度。填埋场底层承受着防渗衬垫和垃圾填埋所有压力，必须牢牢压实，以便将来发生不同形式的沉降都不会破坏防渗衬垫。同时填埋场底层的沉降压力也必须保持均匀稳定。

2.　衬垫材料的选择

适于作土地填埋场的衬垫材料主要分为两大类：一类是无机材料，一类是有机材料。有时也把两类材料结合起来使用。衬垫材料的选择和许多因素有关，如待处理废物的性质、场地的水文地质条件、场地的级别、场地的运营期限、材料的来源以及建造费用等。无论选择哪种衬垫材料，预先都必须做与废物的相融性试验、渗透性试验、抗压强度试验等。

3.　衬垫系统的设计原则

衬垫系统是地下水保护系统的重要组成部分，它除具有防止渗滤液泄漏外，还具有包容废物、收集渗滤液、监测渗滤液的作用，因此必须精心设计。衬垫系统设计原则如下：

(1) 衬垫和其他结构材料必须满足有关标准；

(2) 设置天然黏土衬垫时，衬里的厚度至少为 1.5 m；

(3) 设置双层复合衬垫时，主衬垫和备用衬垫必须选择不同的材料；

(4) 衬垫系统必须设置收集渗滤液的积水坑，积水坑的容量至少能容纳三个月的渗滤液量，起码不小于 4 m³；

(5) 衬垫应具有适当的坡度，以使渗滤液凭借重力即可沿坡度流入积水坑；

(6) 衬垫之上应设置保护层，保护层可选用适当厚度的可渗透性砾石，也可选用高密度聚乙烯网和无纺布，保证渗滤液迅速流入积水坑；

(7) 在可渗透保护层内也可设置多孔渗滤液收集管，使渗滤液通过收集管汇集到积水坑中；

(8) 积水坑设置渗滤液监测装置；

(9) 设置渗滤液排出系统，定期抽出渗滤液并处理，以减少衬里的水力压力；

(10) 设置备用抽水系统，以便当泵或立管损坏时抽出渗滤液。

10.2.2 压实黏土衬垫系统的设计

压实黏土被广泛用作填埋场和废弃堆积物的衬垫，也可用来覆盖新的废物处理单元和封闭老的废弃物处理点。在美国，几乎所有压实黏土衬垫和覆盖均被设计成透水性小于或等于某一指定值。例如对于包含有危险品（有毒）的垃圾、工业垃圾和城市固体废弃物的黏土衬垫或覆盖，其渗透系数应小于或等于 $1×10^{-7}$ cm/s。

黏土的物理性质与其含水状况关系很大，作为主要的填埋场衬垫，必须满足一定的压实标准以保护地下水不被渗滤液污染，压实功能和含水量对压实黏土透水性起控制作用。一般来说，衬垫应填筑成至少 60 cm 厚且其渗透系数小于 $1×10^{-7}$ cm/s 的压实黏土层。为了满足这个要求，对压实黏土衬垫的设计和施工应采取下列步骤：①选择合适的土料；②确定并满足含水量-干密度标准；③压碎土块；④进行恰当的压实；⑤消除压实层界面；⑥避免脱水干燥。

对于衬垫土料的主要要求是它能够被压实并具有恰当的低透水性，在选择合适的衬垫土料时要求细粒含量在 20% 以上，塑性指数在 10～35 之间较为理想，砾粒含量不超过 10%，而粒径大于 2.5～5 cm 的石块应从衬垫材料中除去。

一个合格的黏土衬垫除需满足低渗透性要求外，还必须有足够的抗剪强度和最小的收缩势以防脱水开裂。压实黏土衬垫设计的目标就是找出含水量-干密度理想区。在理想区内的压实土样应具有低透水率、足够的抗剪强度、干燥时最小的收缩势。

研究表明压实功能和含水量对压实黏土透水性起控制作用，根据压实曲线和对应的渗透试验可以得到图 10.3，图中阴影表示渗透系数小于或等于 $1×10^{-7}$ cm/s，即认为该阴影范围内含水量和干容重对应的点能满足对黏土衬垫渗透系数的要求，这一范围称为理想带。

将满足渗透性、体积收缩应变和无侧阻抗压强度标准的击实试样的含水量-干密度理想区一起叠加绘于一个图内（图 10.4），则同时满足三个设计标准的理想区极易求出。此研究表明，将某种黏质砂土压实成既具有低透水性，又有足够强度，在干燥时又具有最小的收缩势和不开裂的隔离衬垫材料，只要控制合适的填筑含水量和干密度，是完全可以做到的。

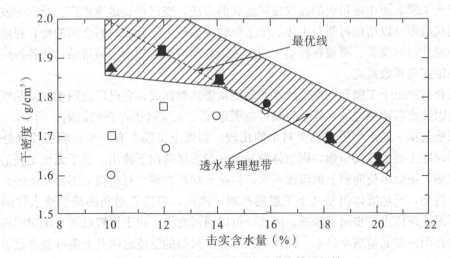

图 10.3　根据渗透性确定击实黏土的理想带

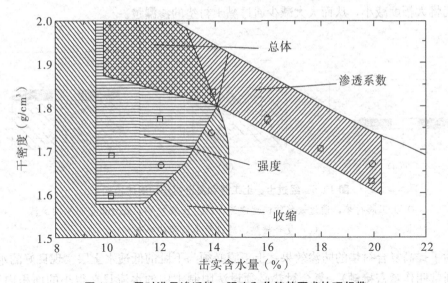

图 10.4　同时满足渗透性、强度和收缩势要求的理想带

10.2.3　复合衬垫系统的设计

填埋场工程中衬垫系统是最关键的部位。随着工程技术的发展，用于固体废弃物填埋物的衬垫系统也在不断改进。在美国，1982 年前主要使用单层黏土衬垫，1982 年开始使用单层土工膜衬垫，1983 年改用双层土工膜衬垫，1984 年又改用单层复合衬垫，1987 年后则广泛使用带有两层渗滤液收集系统的双层复合衬垫。

土工膜是填埋工程中最常用的三种土工合成材料之一（另两种为土工网和土工织物），是一种基本不透水的连续的聚合物薄膜。它也不是绝对不透水，但和土工织物或普通的土甚至黏性土相比，其渗透系数极小。通过水汽渗透试验测得其渗透系数约为 $0.5\times10^{-10}\sim0.5\times10^{-13}$ cm/s，因此，它经常被用作液体或水汽的隔离物。

把土工膜表面压成粗糙的波纹或格栅状的方法，现已得到迅速推广。特殊的波纹状或格栅状表面可以增加衬垫与土体、土工织物及其他人工合成材料之间的密合程度而使边坡稳定性得到改善。覆盖在衬垫上的土体因底部摩擦增加而不易滑动，使各种陡峭边坡的稳定安全系数提高。

复合衬垫由土工膜和一层低透水的黏土紧密接触而成，它已广泛用于危险品填埋场和城市固体废弃物填埋场。复合衬垫可克服单层土工膜衬垫存在的缺陷。图 10.5 表示复合衬垫与单一的土工膜或黏土衬垫的比较。如果土工膜上有一个孔洞或接缝处有缺陷，同时底土透水性又很强，则液体极易经孔洞或接缝向下流出。至于无土工膜的压实黏土衬垫，虽然单位面积上的渗流不大，但渗流却是在整个衬垫面上都会发生的。而对于复合衬垫，虽然液体仍易从土工膜的孔洞中流出，但接着遇到的是低透水性的黏土层，可阻止液体进一步向下渗透。因此，可以通过在土工膜下设置低透水土层而将经过土工膜孔洞的渗漏量减至最小。同样，经过黏土衬垫的渗流也因其上盖有紧密接触的土工膜而减少，因为尽管土工膜上存在孔洞或在接触处有缺陷，经过其下黏土衬垫的渗流面积仍将大幅度减小，从而大大减少通过黏土衬垫的渗漏量。

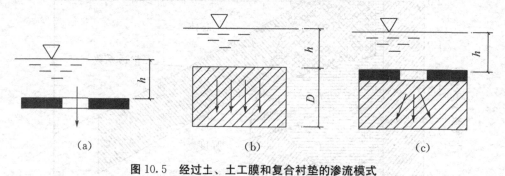

图 10.5　经过土、土工膜和复合衬垫的渗流模式

（a）土工膜衬垫，通过缺陷的快速渗流；（b）土质衬垫，通过整个衬垫的渗流

（c）复合衬垫，通过微小面积的渗流

为了提高复合衬垫的防渗效果，土工膜必须与下卧的低透水土层实现良好的水力接触（通常叫作紧密接触）。复合衬垫必须设法限制土中的水流只在很小的面积内流动，且不允许液体沿土工膜和土的界面发生侧向蔓延。为保证实现良好的水力接触，黏土衬垫在铺设土工膜之前要用钢筒碾压机压平碾光，而覆盖土工膜时，要尽可能使折皱减至最少。另外，在土工膜和低透水土层之间不应再铺设高透水材料如砂垫层或土工织物等，因为这样将破坏低透水性土与土工膜的复合效果。

10.3　渗滤液收集与排放系统的设计

填埋场渗滤液通常是由经过填埋场的降水渗流和对固体废物的挤压产生的。它是一种污染的液体，如未经处理直接排入土层或地下水中，将会引起土层和地下水的严重污染。影响渗滤液产生数量的因素有降水量、地下水侵入、固体废弃物的性质及封顶设计等。

设计和建立渗滤液收集和排放系统的目的是为了将填埋场内产生的渗滤液收集起来，并通过污水管或积水池输送至污水处理站进行处理。为了尽量减少对地下水的污染，该系统应保证使复合衬垫以上渗滤液的水头不超过 30 cm。渗滤液收集系统由排水层、集水槽、多孔集水管、集水坑、提升管、潜水泵和积水池组成。如果渗滤液能直接排入污水管，则积水池也可不要。所有这些组成部分都要按填埋场适用初期较大的渗滤液产出量设计，并保证该系统长期流通能力不发生障碍。

10.3.1　渗滤液排水层

带有双层复合衬垫系统的城市生活垃圾填埋场，必须既有主层渗滤液排水层，又有次层渗滤液排水层。这些排水层应具有足够的能力来排除填埋场使用期所产生的最大渗滤液流量。根据有关资料，作用在排水层上的渗滤液水头通常不得大于 30 cm。

填埋场衬垫系统由一层或多层渗滤液排水层和低透水性的隔离物（即衬垫）复合组成。衬垫和排水层的功能可以互补。衬垫可以阻止渗滤液和气体从填埋场中逸出和改善排水层覆盖条件；排水层则可以限制下伏衬垫上水头的增加，并可将渗入到排水层中的液体输送到多孔渗滤液收集管的管网中去。

目前广泛应用于城市生活垃圾填埋工程的双层复合衬垫系统具有主层与次层两层渗滤液排水层。图 10.6～图 10.8 为各类带有渗滤液主、次排水层的双层复合衬垫系统的组成。

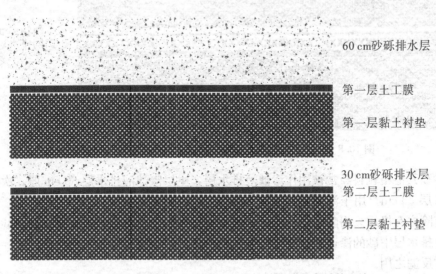

60 cm砂砾排水层

第一层土工膜

第一层黏土衬垫

30 cm砂砾排水层
第二层土工膜

第二层黏土衬垫

图 10.6　以砂作为主、次淋滤液排水层的双层复合衬垫系统

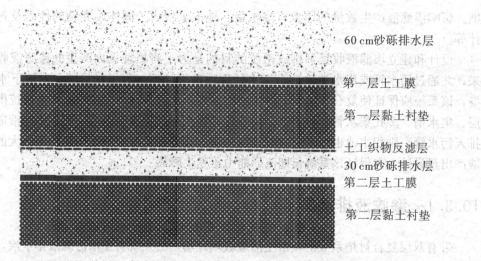

60 cm砂砾排水层

第一层土工膜

第一层黏土衬垫

土工织物反滤层
30 cm砂砾排水层
第二层土工膜

第二层黏土衬垫

图 10.7　以砂作为主排水层、土工织物加砂作为次排水层的双层复合衬垫系统

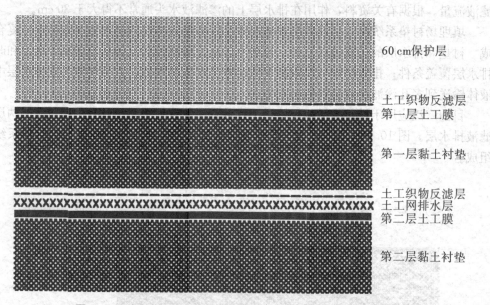

60 cm保护层

土工织物反滤层
第一层土工膜

第一层黏土衬垫

土工织物反滤层
土工网排水层
第二层土工膜

第二层黏土衬垫

图 10.8　以土工织物和土工网作为排水层的双层复合衬垫系统

　　砂和其他粗粒料经常被用作渗滤液排水层，主层渗滤液排水层 60 cm 厚，次层渗滤液排水层 30 cm。用于渗滤液排水层的砂或其他粒料其渗透系数均应大于 10^{-2} cm/s，砂料应除去有机质。为防止第一层压实黏土衬垫中的黏土颗粒被挤入第二层渗滤液排水层，使排水层中砂的渗透系数降低，可在第一层衬垫和第二层排水层中间设置一层土工织物作反滤之用。

　　此外，土工织物和土工网已被广泛用作填埋场渗滤液排水材料。土工网的透水率比砂要大，因此，很薄的土工网就可代替几十厘米厚的砂作为渗滤液排水层，可以减少衬垫系统总厚度，增大废弃物堆填容积。当土工织物和土工网用作主层渗滤液排水层时，其上应覆盖约 60 cm 厚的砂作为保护层，这层砂的渗透系数应大于 10^{-4} cm/s。

　　需要注意的是，防止衬垫系统边坡产生滑动在填埋场设计中十分重要。在边坡上如用土工织物和土工网作为渗滤液排水系统，则土工膜和土工网之间接触面上的摩擦角太小。为了增加土工膜和渗滤液排水层接触面上的摩擦，常在边坡改用土工复合材料来做渗滤液排水层。这种土工复合材料由两层无纺土工织物中间夹一层高密聚乙烯（HDPE）土工网组成，通过不断加热使土工织物与土工网结合成一个牢固的、连续的整体。土工复合材料的透水率与土工网基本相同，但它与土工膜接触面上的摩擦角却比土工网和土工膜之间的摩擦角大得多，这就能使边坡衬垫系统的稳定状况得到很大改善。

10.3.2　渗滤液收集管

1. 渗滤液收集管的选择

渗滤液收集管可能由于堵塞、压碎或设计不当而造成失效。有关渗滤液收集管的设计应包括：①集水管材料类型；②管径和管壁厚度；③管壁孔、缝的大小与分布；④管身基底材料的类型和为支持管身所必要的压实度。

多孔渗滤液收集管尺寸的确定应考虑所需的流量及集水管本身的构造强度，如果已知渗滤液流量、收集管纵坡及管壁材料，可用曼宁公式计算出水管尺寸。接下来就是确定管壁布孔，它以集水管单位长度最长渗滤液流入量为依据。

2. 渗滤液收集管的变形和稳定性

渗滤液收集系统的所有部分均应满足强度要求以承受其上固体废弃物和覆盖系统（封顶）的重量以及填埋场封闭后的附加荷载，还有由操作设备所产生的应力。系统各组成部分中最易因受压强度破坏而受损的是排水层管路系统，渗滤液收集系统中的管路有可能因过量变形被弯曲或压扁。因此，管路强度计算应包括管路变形的阻力计算和临界弯曲压力的计算。

10.2.3　渗滤液收集槽

渗滤液收集管通常均埋入砾石填起来的槽中，槽的四周包以土工织物以减少微小颗粒从衬垫进入槽内，进而进入渗滤液收集管中，其详细布置可参见图 10.9。收集槽内的砾石应按碾压机械的荷载分布情况来填筑，这样可以保护集水管不被压坏，而作反滤用的土工织物则应包在砾石层的外面，也可以设计级配砂反滤层以减少废弃物中细颗粒渗入槽内。

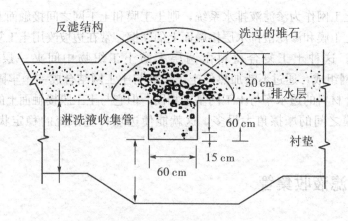

图 10.9　渗滤液收集槽示意图

10.3.4　渗滤液收集坑

渗滤液收集坑位于填埋场衬垫最低处，坑中填满砾石以承受上覆废弃物及封顶的重量和承受填埋场封闭后的附加荷载。通常在设置这些坑的地方，复合衬垫系统都是低下去的。设计渗滤液收集坑的关键是：①假定坑的尺寸；②计算坑的总体积；③计算坑中提升管所占体积；④计算坑的有效体积，这和所填砾石的孔隙率有关；⑤确定开启和关闭潜水泵的水位标高；⑥计算坑中需要抽取的蓄水体积；⑦计算提升管上应钻的孔并校核其强度。

此外，渗滤液抽取泵应保证在渗滤液产出最大量时能正常排放，并具有一定的有效的工作扬程。

10.4　气体收集系统的设计

10.4.1　填埋场气体的生成

城市生活垃圾填埋场可看作一生物化学反应堆，输入物是固体废弃物和水，输出物则主要是填埋废气和渗滤液。填埋场气体控制系统被用来防止废气不必要地进入大气，或在周围土体内作侧向和竖向运动。回收的填埋废气可以用来产生能量或有控制地焚烧以避免其有害成分释放到空气中去。

固体废物置入填埋场后，由于微生物的作用，垃圾中可降解有机物被微生物分解，产生气体。最初，这种分解是在好氧条件下进行的，氧是由填埋废物时带入的，产生的气体主要有二氧化碳、水和氨，这个阶段可持续几天。当填埋区内氧被消耗尽时，垃圾中有机物的分解就在厌氧条件下进行，此时产生的气体主要有甲烷、二氧化碳、氨和水，还有少量硫化氢气体。生活垃圾填埋场不同时间产生的气体成分见图 10.10。从图中可以看出最终气体产物主要有二氧化碳和甲烷气体。

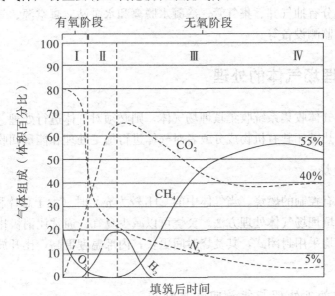

图 10.10 填埋场气体成分随时间的变化

10.4.2 气体收集系统的类型和组成

填埋场运行期间，操作人员需要经常控制气体的流动，尤其在填埋场封闭时和封闭以后，气体流动更为频繁。收集排放气体有两种系统可以采用，即主动收集系统和被动收集系统。为确保系统的连续运转，无论哪种系统，其补救备用设备系统都是十分重要的。备用设备用于预防全系统中因沉降而引起的系统构件破坏，包括附加的抽气井和顶部收集管。

1. 被动气体收集系统

被动气体收集系统让气体直接排出而不使用机械手段，如气泵或水泵等。这个系统可以在填埋场外部或内部使用。周边的沟槽和管路作为被动收集系统阻止气体通过土体向侧向流动并直接将其排入大气。如果地下水位较浅，沟槽可以挖至地下水位那个深度，然后回填透水的石渣或埋设多孔管作为被动系统的隔墙，根据周围土的种类，需要在沟槽外侧设置实体的透水性很小的隔墙，以增进沟槽内被动排气量。如果周围是砂性土，其透水性和沟槽填土相似，则需在沟槽外侧设置一层柔性薄膜，以阻止气体流动，让气体经排气口排出，如果周边地下水位较深，作为一个补救方法，也可用泥浆墙阻止气体流动。被动气体收集系统的优点是费用较低，而且维护保养也较简单。

2. 主动气体收集系统

若被动气体收集系统不能有效地处理填埋场气体，就必须采用主动气体收集系统，利用动力形成真空或产生负压，强迫气体从填埋场中排出。绝大多数主动气体收集系统均利用负压形成真空，使填埋废气通过抽气井、排气槽或排气层排出。主动气体收集系统构造的主要部分有抽气井、集气管、冷凝水脱离和水泵站、真空源、气体处理站（回收或焚烧）以及监测设备等。

10.4.3　填埋场气体的处理

若使用主动气体收集系统收集填埋场气体，则必须对气体进行处理。气体处理通常包括通过焚烧加热破坏其有机物成分或者对气体进行加工处理和能量回收。

1. 气体焚烧

焚烧是一种有控制的燃烧。当气体中的 CH_4 较为充足时（大于总体积的 20％），焚烧是一种常用的填埋场气体处理方法。焚烧可以减少臭气，通常比消极排放效果好。目前，大部分焚烧均采用封闭式，其焚烧时间更长，内部温度更高，比开放式燃烧的效果更佳。

2. 气体的加工处理与能量回收再利用

填埋场气体可以进行脱水和去除 CO_2 等杂气的处理。未处理的气体每立方米只含约 4450 千卡的燃烧值，是天然气的一半；处理过的气体燃烧值每立方米可达 8900 千卡。这种气体可作为天然气直接通过管道卖给用户。能量回收只能在少数填埋场使用，只有那些大填埋场才能使能量回收再利用经济可行。能量再利用的费用是否合理取决于气体的质量与体积。

一般来说，封闭了 5 年的填埋场才适于再生能源。而且，随时间条件的变化，填埋场的产气能力会下降。一个填埋场可以产 15 年的气体或更久，但这取决于产气速率、废弃物的含水量、填埋场的封闭方式。现代填埋场的封闭方式企图尽量限制水分侵入场内。这个条件影响气体产生的程度如何还不清楚，但它们会使填埋场在封闭之后的一段时间内只产生很少的气体。

10.5　覆盖系统的设计

10.5.1　顶部覆盖层的形式

在不同的运行阶段，填埋场的顶部覆盖层形式不同，因此雨水入渗的影响也不同。根据运行阶段和覆盖层的防渗效能，顶部覆盖层可分为使用期临时覆盖层、填埋单元的封闭覆盖层和封场后永久覆盖层。

（1）使用期临时覆盖层，称日覆盖层。由于在使用期，每日需要填埋作业，因此填埋场的顶部是敞开的，只作简单的日覆盖，甚至不作覆盖。日覆盖层一般是湿压程度很低的黏土铺层。显然，临时覆盖层的防渗效果是很难保证的，可以将日覆盖土料与填埋固体废物作为混合的垃圾土体，按综合的渗透系数考虑。

（2）填埋单元的封闭覆盖层，称中间覆盖层。它介于日覆盖层与最终覆盖层之间，防渗功能已比较完善，其防渗效果和机理近似于最终覆盖层。

（3）封场后永久覆盖层，称最终覆盖层。对于最终覆盖层，要求防渗功能完善，有着良好的防渗效果，能够严格防止雨水和地表径流入渗，也能够严格防止场内渗滤液外溢。最终覆盖层一般为多分层结构，如植被层、自由土层、渗滤砂层、生物侵蚀控制层、排水砂层、压实黏土或土工膜＋压实黏土防渗层等。

不管是哪种形式，覆盖层的防渗功能均是由压实黏土或土工膜来实现的。

10.5.2　最终覆盖系统的组成

对于一个已被填满的城市固体废弃物填埋场，最后进行适当封闭是完全必要的。设计最终覆盖系统的主要目的是阻止水流渗入废弃物，使可能渗入地下水的渗滤液减至最少，并使原来存在的渗滤液被收集和排除。

在填埋场设计中，必须考虑最终封顶系统的设计，通常情况下应考虑如下因素：封顶的位置，低透水性土的有效利用率，优质表土的备料情况，使用土工合成材料以改善封顶系统性能的可能性，稳定边坡的限制高度，以及填埋场封闭后管理期间该地面如何使用，等等。填埋场封顶的目标是尽量减少今后维护和最大限度保护环境及公共健康。

目前，复合的最终覆盖系统已被广泛应用于城市生活垃圾填埋场。这一系统的典型断面形式如图 10.11 所示，从下到上由排气层、低透水层、排水层及保护层、侵蚀控制层组成。

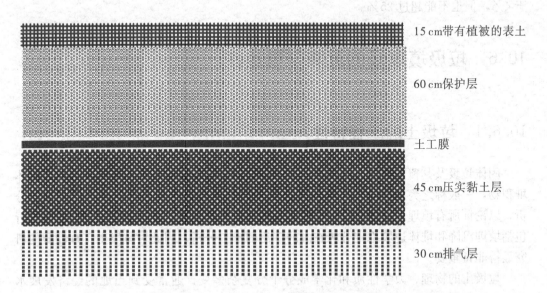

图 10.11　典型的填埋场最终覆盖系统

1. 排气层

排气层厚度不应小于 30 cm，应位于废弃物之上，低透水层之下。排气层可使用与排水层同样的粗粒多孔材料或等效土工合成材料。

2. 低透水层

由压实土与土工膜构成的复合低透水层，位于排气层之上，以限制表面水渗入填埋场中。压实土层厚度不小于 45 cm，渗透系数小于或等于 1.0×10^{-5} cm/s。土工膜要求具有耐久性，并能承受预期的沉降变形。

3. 排水层及保护层

排水层及保护层厚度不应小于 60 cm，直接铺在复合覆盖衬垫之上，它可以使降水离开填埋场顶部向两侧排出，减少寒流对压实土层的侵入，并保护柔性薄膜衬垫不受植物根系、紫外线及其他有害因素的损害。

4. 侵蚀控制层

顶部覆盖层由厚度不小于 15 cm 的土质材料组成，并有助于天然植物生长以保护填埋场覆盖免受风霜雨雪或动物的侵害。虽然对压实通常并无特殊要求，但为了避免土质过分松软，应当用施工机具对土料至少辗压两遍。

为避免在封顶后的填埋场表面出现积水，填埋场最终覆盖的外形平整程度应能有效防止由于工后沉降引起的局部沉陷的进一步发展。最终覆盖的坡度在任何地方均不应小于 4%，但也不能超过 25%。

10.6　垃圾填埋场的沉降与稳定性

10.6.1　垃圾土的工程特性

固体垃圾及其覆盖的填土混合形成了一种新的组成与性质都非常特殊的散粒体固体堆积物，一般称之为垃圾土。对填埋场进行设计与审批时均需进行广泛的岩土工程分析，以论证所有填埋系统均已设计得符合长期运行的要求。垃圾填埋场的设计必须进行包括填埋沉降和堆体边坡稳定分析在内的广泛的土工分析，因此对垃圾土工程性质的研究显得非常重要。

垃圾土的物理、力学性质和化学成分十分复杂多变，通常受到当地的经济发展水平、风俗习惯、气候条件和地质条件等多种因素的影响。一般情况下，由于垃圾土中有机质的含量很高，在不同环境条件下，随着敞露时间或填埋时间的长短不同，垃圾土将发生不同程度的物理、化学和生物降解反应，从而引起其物理、力学性质和化学成分不断地发生变化。虽然垃圾土的物理、力学性质与一般土体的物理、力学性质有较大差别，但从材料结构上看，它们都属于颗粒状散粒体结构，存在一定的相似之处。所以，垃圾土可被视为是一种性质不同于常见土类、建筑废弃物和矿产废弃物等的特殊的杂填土。

由于各国经济发展水平不同，城市垃圾土的组成与成分差异很大，即使同一国家，不同的地域、季节、气候和生活习惯都可能使垃圾组成及其性质变化很大。因此，在正式进行填埋场设计时，不能简单套用国外的经验参数，必须结合国内各地区的具体情况，首先应进行室内外土工试验，取得可靠的工程设计参数。

城市固体垃圾土的基本性质指标主要包括垃圾土的容重、含水量、有机质含量、相对密度、渗透系数、孔隙比、持水率与凋萎湿度、压缩性和抗剪强度等，这些指标也是在卫生填埋场设计中常被使用的重要工程参数。

1. 垃圾土的容重

垃圾土的容重变化幅度很大，其大小不仅与它的组成成分、含水量、压实方法、压实程度、环境条件和填埋方式等有关，而且还随填埋时间和所处深度而变化。因此在确定垃圾土容重时必须首先弄清楚垃圾土的组成（包括每天覆土和含水情况）、对垃圾土进行压实的方法和程度、测定试样所处深度和垃圾土的填埋时间等问题。

由于我国的生活垃圾在填埋前多没有经过分类投放和粉碎处理，填埋体一般具有大孔隙结构，且含有较多的塑料、废纸、金属、纤维等物质。它们在自重作用下的压密需要比较长的时间，而且有机物在填埋场中的降解需要很长时间，同时垃圾土的含水量也比较大。所有这些因素都将对垃圾土的容重产生不同程度的影响，造成我国垃圾土的容重并不具有随埋深的增大而呈有规律增大的趋势，而是具有较大的离散性，这与美国等发达国家填埋场垃圾土的天然容重随深度增加而明显增大的规律有所不同。这可能与国外发达地区在收集垃圾时大多实行垃圾分类投放与回收制度以及在回填前对垃圾进行粉碎处理有关。

垃圾土的容重可通过多种途径量测，如可在实地用大尺寸试样盒或试坑测定，或用勺钻取样在实验室测定，也可用 γ 射线在原位测井中测出，还可以测出垃圾土各组成成分的容重，然后按其所占百分比求出整个垃圾土的重度。根据实测，垃圾土容重大小为 $3.1 \sim 13.2 \, kN/m^3$，大范围变化的主要原因在于倒入垃圾的组成与成分不同、每天覆土量的多少不同、处理方式不同、填埋时间不同以及含水量和压实程度不同等。

现今大多数垃圾填埋场在填埋时均对垃圾土进行适度压实，其压实比通常为 2：1～3：1。根据经验，经过压实后的垃圾土，其平均容重可取 $9.4 \sim 11.8 \, kN/m^3$。

2. 垃圾土的含水量

在填埋场设计中，垃圾土的含水量有两种不同的定义方法：一种是指垃圾土中水的重量与垃圾土干重之比，常用于土工分析；另一种定义为垃圾土中水的体积与垃圾土总体积之比，常用于水文和环境工程分析。下文中如不特殊说明，一般指重量含水量。影响垃圾土天然含水量的主要因素可归纳为：

（1）垃圾土的原始成分（包括有机质含量）；

（2）当地气候条件；

　　（3）垃圾填埋场的运用方式（如是否每天往填埋垃圾上覆土、覆土厚度等）；

　　（4）渗滤液收集和排放系统利用的有效程度；

　　（5）填埋场内生物分解过程中产生的水分数量；

　　（6）从填埋场气体中脱出的水分数量。

　　根据有关实测资料，垃圾土的含水量通常随埋深的增大而呈现逐渐减小的趋势。这是由于随深度的增大和填埋时间的增加，垃圾土中由自重和有机物降解产生的渗滤液经排水层排走，从而使含水量降低。当然，在接近填埋场底部，可能会由于渗滤液汇集而导致垃圾土含水量增大。浅层垃圾土受季节气候条件影响较大，因而含水量较大且不稳定。多雨潮湿地区的垃圾土的含水量一般比较高，而且雨季明显高于其他季节。如果能够对填埋时的垃圾进行分选并使用渗透系数小于 10^{-7} cm/s 的黏土进行覆盖填埋，保证排水路径通畅，可以有效减小气候条件的影响，有效降低垃圾土的含水量。

　　垃圾土的含水量通常远大于普通砂土和天然黏土，而且多随垃圾土中有机质含量的增加而增加。当垃圾土中有机质含量在 25%～60% 范围内变化时，垃圾土的含水量为20%～135%。

　　我国垃圾土的天然含水量不但高而且变化很大，例如杭州天子岭垃圾土的含水量最大可达 188%，最小为 41.6%，一般分布在 60%～110% 之间；深圳市下坪填埋场垃圾土的含水量多为 30%～46%。美国等西方国家垃圾土的原始含水量一般为 10%～35%。对比我国垃圾土的含水量与西方国家垃圾土的含水量可知，我国垃圾土的天然含水量略微偏高。这说明在设计填埋场时封顶系统的防渗作用需进一步加强，并采取保证渗滤液收集和排放系统长期有效的措施。

3. 垃圾土的有机质含量

　　由于垃圾土中的有机质具有复杂的化学成分且易分解，其含量对填埋场的沉降和填埋容量有很大影响。事实上，在测定的有机质含量中相当一部分在自然条件下并不会发生降解。Golueke 认为，有机质含量的 56%（正态分布）可定义为可降解物质。Coduto 认为，由于有机质分解引起的沉降可达垃圾土厚度的 18%～24%。这一比例是非常可观的，因此，在分析垃圾土的压缩和填埋场的沉降时不考虑有机质降解显然是不全面的。为了理解有机质降解对垃圾土沉降的作用，至少有 3 个问题必须考虑：①可降解的有机质含量；②有机质的降解速率；③如何将有机质的降解转化为垃圾土的沉降。

　　一般说来，经济较发达地区垃圾中的厨余有机质（易降解）、纸和塑料所占的比例较大，煤灰和渣土所占的比例较低，而经济发展相对落后的地区情况则相反。与西方发达国家相比，我国城市垃圾土中的有机质，特别是纸类的含量普遍偏低。对于我国沿海和南方各大中城市而言，其城市卫生填埋场垃圾土中的有机质含量普遍介于 20%～60% 之间。

4. 垃圾土的相对密度（颗粒相对密度）

　　垃圾土的相对密度是烘干的垃圾土与同体积 4℃ 纯水之间的质量比或重量比。垃圾土的相对密度一般在室内采用真空抽气法进行测定。由于垃圾土中的有机质含量较高，且可能含有一定量的可溶性盐，在测定相对密度时，多采用煤油代替蒸馏水作试剂。具体测试时，可以取在 60~70℃温度下烘干后的代表性垃圾土样 50 g 左右，置于 500 mL 瓶中；称瓶土质量 m_{12} 后，向瓶中注入煤油约 200 mL，煤油需完全浸没垃圾土；然后置入真空干燥器内进行真空抽气，真空度需接近 $1.01×10^5$ Pa，并保持 1 h 以上；称取瓶、煤油和干垃圾土质量 m_{123} 和瓶与同体积的煤油质量 m_{13}，则垃圾土的相对密度可采用下式进行计算：

$$G_s = \frac{m_{12} - m_1}{m_{13} + (m_{12} - m_1) - m_{123}} G_3 \qquad (10-1)$$

式中：

G_s——垃圾土的相对密度；

G_3——煤油的相对密度，取 0.7995；

m_1——瓶的质量（g）；

m_{12}——瓶和干垃圾土质量（g）；

m_{13}——瓶和煤油质量（g）；

m_{123}——瓶、煤油和干垃圾土质量（g）。

垃圾土的相对密度与垃圾土中有机质的含量直接相关，有机质含量多，则相对密度小；无机物含量越多，则相对密度越大。从总体上讲，垃圾土的相对密度一般小于天然砂土和黏性土（2.6~2.8），略小于有机质土（2.4~2.5），且随埋深增加略有增大，这与垃圾土的组成成分有关。根据实测结果，杭州天子岭垃圾土的相对密度最小值为 1.72，最大值为 2.53，大多分布在 2.0~2.4 之间，具有明显的离散性，这主要是由垃圾土结构的复杂性造成的。

5. 垃圾土的渗透系数

正确给定垃圾土的水力参数对设计填埋场淋滤波收集系统以及制订渗滤液回灌计划十分重要。垃圾土的渗透系数可以通过现场抽水试验、大尺寸试坑渗漏试验和实验室大直径试样的渗透试验求出，也可根据填埋场的降水量和渗滤液产出体积之间随时间的变化关系进行估算。

根据试验结果，垃圾土平均渗透系数的数量级约为 10^{-4}~10^{-3} cm/s，与洁净的砂土基本相当。随着填埋深度和填埋时间的增大，垃圾土逐渐变得密实，其渗透系数逐渐减小。

塑料对于垃圾土的渗透系数影响很大，它的存在可以大幅度降低垃圾土的渗透系数；而大尺寸的金属、玻璃和碎石等杂质以及填埋垃圾所使用的黏土中的碎石的存在，则会提高垃圾土的渗透系数。因此，严格进行黏土（渗透系数<10^{-7} cm/s）分层填埋以及垃圾的分选填埋，可以有效地降低填埋场内垃圾土的渗透系数。

6. 垃圾土的孔隙比

垃圾土的初始孔隙比 e_0 主要取决于垃圾土的组成成分和压实程度。与普通土类相比，垃圾土由于形成时间比较短，组成颗粒尺寸大小不一，没有形成一定的致密结构，其初始孔隙率较大。据实测资料，国内垃圾土的孔隙率普遍比国外高，目前国内垃圾土的孔隙率约为 65%~80%，国外的垃圾土孔隙率约为 40%~52%。

从填埋深度上看，浅部垃圾土属新近填埋，其生化降解反应进行得不彻底，使得垃圾土的组成颗粒和孔隙都比较大；深部垃圾土填埋时间较长，其生化降解反应进行得比较彻底，并在上部自重压力下形成了比较密实的内部结构，因而孔隙比随埋深逐渐变小，近似呈指数函数关系。据实测资料，国外垃圾土的孔隙比随其组成成分和压实程度的不同，其值在 0.67~1.08 之间变化，我国杭州天子岭垃圾土的孔隙比大多介于 2~4 之间。

7. 垃圾土的持水率和凋蔫湿度

持水率是指经过长期重力排水后，垃圾土中所保持的水分含量（体积比）；凋蔫湿度则是通过植物蒸发后，垃圾土体积中水分的最低含量（体积比）。持水率和凋蔫湿度之差就是垃圾土中可利用的水分含量或持水能力，一般与土的结构质地有关。

8. 垃圾土的压缩性

城市固体垃圾土的组成成分多变，结构不稳定，其压缩变形常常在填埋后就会立即发生，通常在填埋完成后一两个月内发展较快，并且在很长一段时间内难以稳定。垃圾土的变形机理相当复杂，主要包括物理压缩、错动、流变、物理化学变化和生化分解等。影响压缩的因素有废弃物的原始容重、压实程度、覆盖层的自重压力以及含水量、填埋深度、组成成分甚至 pH 值、温度等。

垃圾土的压缩变形量是压力和时间的函数，目前多采用传统的土体压缩理论进行分析。反映垃圾土压缩性的指标与普通土体相同，主要包括压缩系数、压缩模量、压缩指数和固结系数等。

9. 垃圾土的强度特性

垃圾土的强度特性是垃圾土的重要力学性质之一。垃圾填埋场的边坡稳定性以及会否产生裂缝和滑坡主要由垃圾土的强度控制。填埋场封顶后的规划与利用也与垃圾土的强度密切相关。工程实践和室内试验都证实了填埋场的滑坡等破坏是由于受剪应力作用的结果，剪切破坏是垃圾土强度破坏的重要特点。因此，垃圾土的强度问题实质上就是其抗剪强度问题。

垃圾土的抗剪强度与一般土体一样，也具有随其法向应力增加而增大的特征。因此，垃圾土的强度特性目前多沿用传统土力学的原理和方法，采用莫尔－库仑强度理论来表示，即其抗剪强度指标采用内摩擦角 φ 和黏聚力 c 来表述。

由于填埋场垃圾土的组成成分复杂多样，且多为多孔的、非饱和的、不连续性的和随时间而变的物质，垃圾土的各种组成成分及其与基底土体之间变形不相容，同时垃圾土的取样和试样制备较为困难，因而要获得能真实全面反映垃圾土强度特征的指标不是一件很容易的事情。目前，国内外估算和确定垃圾土抗剪强度参数主要是通过直接进行常规的室内试验或现场试验，根据填埋场边坡的破坏实例或静荷载试验资料进行反分析以及进行间接的原位测试等。

10.6.2　垃圾填埋场的沉降

填埋场的沉降包括填埋场地基沉降和填埋垃圾土沉降两部分。填埋场地基的沉降对填埋场底部防渗系统的设计有重要影响，可以采用传统的土力学方法进行分析计算。而垃圾土的沉降分析对填埋场的封顶系统设计、渗滤液和气体收集系统设计以及估算场地最终填埋容量都是十分重要的；而且垃圾土的沉降计算对填埋场竖向扩容设计和填埋场封顶后的使用规划也是十分必要的。垃圾土本身的沉降问题是填埋场沉降计算的核心问题和研究重点。

由于垃圾土的沉降机理十分复杂，颗粒和结构不稳定，在服务期内和封顶后都会产生大幅度的沉降，最终沉降量可达填埋总高度的 30%～40%，且在填埋场封顶后，填埋体的沉降可持续 40～50 年，甚至更长时间。目前，虽然国内外许多学者对填埋场的沉降作了一系列的研究，也提出了各种计算垃圾土沉降的方法。但到现在为止，还没有建立起能够全面、真实反映垃圾土沉降特性的合理模型和理论；或者说，合理的模型和理论还没有被大家所普遍接受，特别是如何考虑生化降解在次压缩中的作用问题。

国内外学者在研究垃圾土的沉降时，通常都延续了一般土体的分析模型。Sowers通过分析从一些大规模填埋垃圾土试验槽中测取的长期现场沉降数据，于 1973 年提出了基于土体固结理论的估算垃圾土沉降量的分析方法，认为填埋场总沉降由主固结沉降和长历时的次固结沉降组成。其中，主固结沉降主要取决于应力的大小，有机质降解对其也有一定的影响，通常主固结沉降在填埋完成后 1～3 个月内完成；次固结沉降主要取决于垃圾土的骨架蠕变和有机质降解作用，是垃圾土总沉降的主要部分，可以持续几十年。其他人在其基础之上作了更为深入的研究，对主、次压缩指数进行了不同程度的修正。这种方法目前在垃圾土沉降分析中应用最为普遍。该方法认为垃圾土的总沉降量可表示成：

$$\Delta H = \Delta H_c + \Delta H_a \tag{10-2}$$

式中：

ΔH——垃圾土的总沉降量；

ΔH_c——垃圾土的主固结沉降量；

ΔH_a——垃圾土的长历时次固结沉降量。

式（10-2）中固结沉降量的计算采用经典的土力学压缩理论。

10.6.3　垃圾填埋场的稳定分析

填埋场边坡稳定分析乃至合理的边坡设计是关系填埋场经济和安全的重要问题。填埋场边坡坡度过缓，将减少填埋场的垃圾容量；但边坡坡度过陡，则易引起边坡失稳或滑移。由于填埋场是由多种材料和结构组成的一个复合体系，在开挖和填埋期间，以及封闭后可能出现不同的破坏模式，其破坏机理也不相同。填埋场边坡失稳或滑移常引起填埋场渗滤液泄漏，污染周围环境和水系，给周围环境和国民经济造成难以挽回的损失。填埋场边坡失稳现象无论在国内还是国外都时有发生，如 1988 年美国 Kettleman

垃圾填埋场发生边坡失稳，最大水平位移达 10.668 m；1996 年美国辛辛那提发生了美国历史上最大的填埋场滑坡，大约 120 万 m³ 的垃圾土发生了失稳滑动；我国杭州、重庆等地也发生过类似的填埋场失稳问题。这些都为填埋场的运营、扩容和稳定提供了深刻的教训。所以，填埋场的稳定问题现在仍是填埋场设计、施工、填埋和封闭过程中的一个关键问题，必须给予足够的重视。

1. 填埋场边坡的破坏形式及内在机理

填埋场的边坡破坏主要有以下类型：沿衬垫系统的破坏、沿垃圾土内部的破坏、衬垫后面土体的破坏、穿过垃圾土和地基的破坏、沿覆盖层的破坏（图 10.12）。

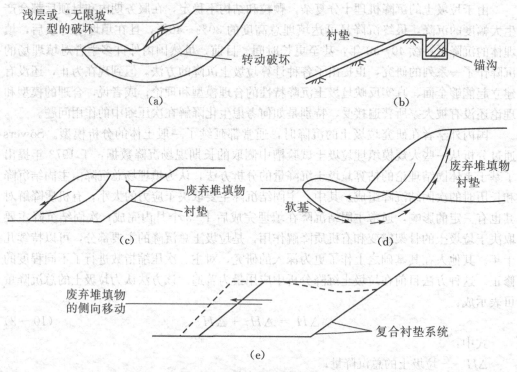

图 10.12 填埋场潜在破坏模式

（a）边坡及底部土体破坏；（b）衬垫从锚沟中脱出；（c）垃圾土内部破坏
（d）破坏面穿过垃圾土、衬垫及地基；（e）沿衬垫系统滑动破坏

（1）边坡及衬垫底部土体发生整体滑动破坏，见图 10.12（a）。

这种破坏类型可能发生在开挖或铺设衬垫系统但尚未填埋时。图中仅表示出地基产生圆弧滑动破坏的情况，但实际上由于软弱层及裂缝所导致的楔体或块体破坏也不能忽视。这种破坏模式可用常规的岩土勘探和边坡稳定分析方法来评价。

（2）衬垫系统从锚沟中脱出及沿坡面滑动，见图 10.12（b）。

这种破坏通常发生在衬垫系统铺设时。衬垫与坡面之间摩擦及衬垫各组成部分之间的摩擦能阻止衬垫在坡面上的滑移，同时由于最底一层衬垫与挖坑壁的摩擦及锚沟的锚固作用也可阻止衬垫的滑动。其安全程度可由各种摩擦阻力与由衬垫系统自重产生的下滑力之比加以评价。

（3）沿垃圾土内部破坏，见图 10.12（c）。

当废弃物填埋到某一极限高度时，就可能产生破坏。填埋的极限高度与坡角和垃圾土自身强度有关，这种情况可用常规的边坡稳定分析方法进行分析，难点在于如何合理选取垃圾土的容重和强度参数。

（4）穿过垃圾土和地基发生破坏，见图 10.12（d）。

破坏面可以穿过废弃物、衬垫和场地地基。当地基土比较软弱、强度较低时，例如软黏土地基，最容易发生这种形式的破坏。这种类型破坏的可能性常作为选择封闭方案的一个控制因素。

（5）沿衬垫系统的破坏，见图 10.12（e）。

垃圾土作为一个完整的块体单元，会沿复合衬垫系统内强度较低的接触面向下滑动。这种滑动的稳定性常受接触面抗剪强度、填埋体的几何形状及其容重等因素所控制。这种形式的稳定破坏通常可通过降低高差或放缓边坡加以避免，但放缓边坡会使填埋面积内可利用的废弃物存储容量减小。

（6）封顶和覆盖层的破坏。

由土或土及合成材料组成的封顶系统（最终覆盖）用于斜坡上时，抗剪强度低的接触面常导致覆盖层的不稳定而沿填埋的废弃物坡面产生向下的滑动。

（7）沉降或不均匀沉降过大。

沉降或不均匀沉降过大尽管不是严格意义上的一种稳定破坏形式，但由于垃圾土的压缩、腐蚀、分解产生过大的沉降或不均匀沉降及地基自身的沉降均可能导致渗滤液及气体收集监测系统发生破裂；填埋场的沉降或不均匀沉降会使斜坡上的衬垫产生较大的张力，也可能导致破坏；此外，不均匀沉降也可以使有裂缝的覆盖层和衬垫产生畸变，如果水通过裂缝进入填埋场也会对其稳定性产生不利影响。

所有上述这些破坏模式都可能由静荷载或动（地震）荷载引发，其中衬垫系统的破坏最为普遍，也最受关注。因为一旦衬垫破坏，填埋场的渗滤液就可能进入周围土体及地下水中，造成新的环境污染。

2. 填埋场边坡稳定分析

填埋场边坡稳定分析应从短期及长期稳定性两方面考虑，目前仍多采用传统土力学中针对一般土体所建立的边坡稳定分析方法。填埋场边坡稳定性通常与土的抗剪强度参数（总应力或有效应力强度指标）、坡高、坡角、土的容重及孔隙水压力等因素有关。对土层剖面进行充分的岩土工程勘察和水文地质研究是很必要的。在勘察中，对土的表现描述、地下水埋深、标贯击数等应作详细记录，并取原状土样进行室内试验，以确定原位土的各项工程性质及力学性质指标，如短期和长期的抗剪强度参数、容重和含水量等。

短期稳定问题通常发生在施工末期（开挖期），若边坡较陡，在开挖后不久即可能发生稳定破坏。对于饱和黏土，由于开挖使边坡内部应力很快发生变化，在潜在破坏区（即诱发剪应力较高或抗剪强度较低的地带）内孔隙水压力的增大相应地使有效应力降低，从而增加了发生破坏的可能性。

当潜在破坏区的变形达到某一临界极限时，会出现明显的负超静孔隙水压力，使潜在破坏区的强度暂时增加，但随后负超静孔压的消散常直接导致设计不当的边坡发生突然破坏，这属于长期稳定问题。负超静孔压的消散速率主要取决于黏土的固结系数和破坏区的平均深度，而且土体的排水抗剪强度也随着负超静孔压的消散同时减小，边坡稳定的临界安全系数常常与负超静孔压消散结束的时间相对应。负超静孔压消散的时间通常可用太沙基固结理论进行估算。

综上所述，以下两种情况下需要对垃圾卫生填埋场进行稳定分析：

（1）开挖施工刚刚结束，此时应考虑孔隙水压力快速、短暂且轻微的增长，对不固结不排水强度指标进行修正后用于此时的稳定分析；

（2）在负超静孔压消散一段时间后，用排水剪强度指标时，应考虑围压减小（膨胀）对抗剪强度参数的影响。

对现代卫生填埋场，长期稳定似乎更关键，可用有效应力法进行分析。所用参数可由固结排水试验或可测孔压的固结不排水试验来确定，孔压可由流网或渗流分析得出，安全系数可取 1.5。另外，由于垃圾土在发生较大的变形时才可能达到其极限状态，而这时的变形量通常是填埋场设计所不能允许的。因此，在进行垃圾场边坡的稳定性分析时，应考虑垃圾土所特有的大变形和强度特性，根据实际情况采用同允许应变相应的强度参数和破坏模式。

为了确定边坡稳定分析中所必需的平均土质参数，应绘出下列参数随土层深度的分布图。这些参数包括天然含水量、原位干密度、标准贯入击数、无侧限抗压强度等。结合三轴试验的结果就可得到每一临界断面（计算剖面）不同土层的设计参数。为进行边坡稳定分析，每一临界断面的典型衬垫剖面、整体容重及抗剪强度值均应一一加以标明。

3. 边坡位置多层衬垫系统的稳定性

垃圾填埋场复合衬垫系统中第一层黏土衬垫（约 1 m 厚）直接建于第二层渗滤液收集系统（由土工网和土工织物组成的土工复合材料）上面，而该收集系统又依次铺设于第二层土工膜之上。整个衬垫系统（包括覆盖系统）的抗滑稳定性主要取决于系统各组成部分接触面上可利用的抗剪强度。通常，第二层渗滤液收集系统与第二层土工膜衬垫的接触面上抗剪强度最小，因此这一接触面是最危险的面。

复合衬垫沿坡面滑动的稳定性，因具有多层黏土衬垫、土工膜和土工复合材料而变得非常复杂。垃圾土自重荷载通过第一层土工复合材料和土工膜使第一层黏土衬垫的剪应力增加。这种应力的一部分通过摩擦传至第二层土工复合材料。这些接触面之间摩擦力的差值必须由第一层土工膜衬垫以张应力的形成来承担，并与土工膜的屈服应力对比以确定其安全度。传到第二层土工复合材料上的应力随后又传到下面的第二层衬垫系统中，其应力差也通过土工织物和土工网连续作用于第二层土工膜，不平衡部分最后再转移到土工膜下面的黏土衬垫中。

对于边坡衬垫系统的稳定性，可以采用传统土体稳定分析的双楔体分析方法来计算在边坡第一层或第二层黏土衬垫上的安全系数。

第 11 章　放射性废物的地质处置

11.1　概述

放射性物质是一种不断衰变、放出射线的特殊物质，它在地球形成之时就已经存在了。因此，地球上生命的孕育、进化、繁衍是在放射辐射即电离辐射的参与下进行的。但是，自 20 世纪以来，特别是 40—50 年代，随着人类活动的扩展和科学技术的进步，环境中放射性物质的种类和数量也逐渐增加。对于人类来说，放射性物质既是一种广阔的有用物质，又是一种潜在的有害物质，因而引起了人们的普遍关注，已成为核科学和环境科学研究的重要对象，并形成了一些新的学科分支。环境岩土工程学主要从工程角度研究如何处置这些放射性有害物质，达到保护环境、保护人类自身的目的。

中、低放废物包括开矿、矿石加工、制备核燃料等过程产生的放射性废物，以及反应堆内非核燃料物质经辐射后产生的活化产物以及放射性同位素应用单位的放射性污染产物。中、低放废物可采用浅埋的方式进行处置。

高放射性废物（简称高放废物）是核电生产中的必然产物，由于高放废物具有长期而特殊的危害性，如果处置不当，不仅将严重危及人类生存环境，也将严重制约核电事业的发展。所以，高放废物的安全处置构成了环境保护的重要组成部分，已经引起有核国家的高度重视。高放废物处置的目的就是要把高放废物与人类的生存环境隔绝开来，以防放射性物质向生物圈迁移，或者至少将其限制在规定的水平。

11.2　中、低放废物的地质处置

11.2.1　浅地层处置定义

浅地层处置是指地表或地下的，具有防护覆盖层的，有工程屏障或设有工程屏障的浅埋处置，埋藏深度一般在地面下 50 m 以内。浅地层处置场由壕沟之类的处置单元及周围缓冲区构成。通常将废物容器置于处置单元之中，容器间的空隙用砂子或其他适宜的土壤回填，压实后再覆盖多层土壤，形成完整的填埋结构。这种处置方法借助上部土壤覆盖层，既可屏蔽来自填埋废物的射线，又可防止天然降水渗入，如果有放射性核素泄漏释放，可通过缓冲区的土壤吸附加以截留。

11.2.2 适于处置废物的种类

根据处置技术规定，适于浅地层处置的废物所含核素及其物理性质、化学性质和包装容器必须满足以下条件：

(1) 含半衰期大于 5 年、小于或等于 30 年放射性核素的废物，比活度不大于 3.7×10^{10} B_q/kg；

(2) 含半衰期小于或等于 5 年放射性核素的废物，比活度不限；

(3) 在 300~500 年内，比活度能降到非放射性固体废物水平的其他废物；

(4) 废物应是固体形态，液体废物需先进行固化或添加足够的吸收剂，固体废物允许含少量的非腐蚀性水，但其容积不得超过 1%；

(5) 废物应具有足够的化学、生物、热和辐射稳定性；

(6) 比面积小，弥散性低，且放射性核素的浸出率低；

(7) 废物不得产生有毒有害气体；

(8) 废物包装容器必须具有足够的机械强度，以满足运输和处置操作要求；

(9) 包装容器表面的剂量当量率应小于 $2 \, mS_v/h$；

(10) 废物不应含有易燃、易爆、危险物质，也不含易生物降解及病毒等物质。

为使处置的废物满足上述条件，必须根据废物的性质在处置前进行去污、包装、切割、压缩、焚烧、熔融、固化等预处理。

11.2.3 浅地质处置方法

1. 填沟法

填沟法的优点主要是简便易行，但废物渗出的危险较大。从早期的实践看，美国一般在天然地表挖掘浅沟掩埋处置低放废物，有的用填沟法处理。大多数地沟的规模取决于地形、沉积物的类型、岩石特征和其他局部条件。土壤、沉积物、岩石结构及稳定性，决定了地沟壁的坡度和地沟的间距。地沟之间至少应有 1.5 m 未扰动土。垂直的地沟壁较好，废物与沟壁之间的无效空间最小，然而，由于沉积物的不稳定性，常常不能采用垂直沟壁。沟底呈斜坡状，铺垫 15~25 cm 厚的砂层，使进入沟底的水能流进沟侧的排水沟和集水坑，然后用浅井排出，填埋废物后的地沟要用黏性土覆盖。

2. 包气带法

一般说来，由于含水量降低，包气带岩石的渗透系数比饱水带大大降低，使放射性核素的迁移速度减小。因此，目前包气带处置是各国在处置中、低放废物中重点研究的方法之一。

3．地下坑道处置

在地质条件不适合于浅埋方案处置中、低放废物的地区，可以考虑地下坑道处置方案。它适合于处置固体或固化废液和半衰期范围较宽的要求高隔离的中、低放废物。

核电厂放射性废物处理的最后产物形式是混凝土块体和装有沥青化废物或灰化废物压缩固体的钢筒或钢罐。贮存库按以下要求设计：贮存库一旦被密封后就无须管理；能够在建造期间检验安全分析中计算出任何防泄漏屏障的保护功能，并针对所确定的使用期限预测各种屏障的保护功能；在岩石、地下水、各种屏障和废物包装材料之间不发生相互作用；便于许多废物包的装卸和运输，最大限度减少对工作人员的辐射；最大限度降低废物处置对废物管理总费用的影响。

防泄漏屏障是用一层砂和膨润土的混合层构成的。该层韧性强，渗透系数约 10^{-10} cm/s，能阻止任何地下水流通过处置库，并使扩散成为放射性核素唯一的迁移机制。混凝土是极好的防扩散屏障，黏土是地下水中污染物的优良吸附剂。黏土的自密封性质弥补了大型混凝土建筑破裂可能产生的危害。

11.2.4　浅地质处置场址的选择

选址的目的是利用场址环境岩石的天然性质与处置库的工程屏障把放射性核素有效地封闭，使之在预定的期限内与人类生存环境隔离。一旦处置库屏障失效，导致放射性核素从处置系统中释出时，场址应提供足够的环境屏障作用以保证人类所受到的辐射影响在可接受水平之内。

浅地层埋藏处置场地的选择要遵循两个基本原则：一是防止污染（安全原则），二是经济合理（经济原则）。并要从水文、地质、生态、土地利用和社会经济等几个方面加以考虑。场地选择要求如下：

（1）处置场应选择在地震烈度低及长期地质稳定的地区；

（2）场地应具有相对简单的地质构造，断裂及裂隙不太发育；

（3）处置层岩性均匀，面积广，厚度大，渗透率低；

（4）处置层的岩土具有较高的离子交换和吸附能力；

（5）场地应选择在工程地质状况稳定、建造费用低和能保证正常运行的地区；

（6）场地的水文地质条件比较简单，最高地下水位距处置单元底部应有一定的距离；

（7）场地边界与露天水源地的距离不少于 500 m；

（8）场地宜选择在无矿藏资源或有资源而无开采价值的地区；

（9）场地应选择在土地贫瘠，对工业、农业、旅游、文物以及考古等使用价值不大的地区；

（10）场地应选择在人口密度低的地区，与城市有适当的距离；

（11）场地应远离飞机场、军事试验场地和易燃易爆等危险品仓库。

任何一个场址都不可能具备全部有利因素，实际上也没有这种必要。场址的可接受性或不可接受性要在对有利和不利因素进行综合评价后决定。满足长期安全要求是基本因素，因此，应对天然的或人工的封闭环境因素进行分析。

场地的选择是一个连续、反复的评价过程。在此期间要不断排除不适宜的地址，并对可能的场址进行深入调查，在选出可使用的场址后应作详细评价工作，以论证所做的结论是否确切。场地的选择一般分区域调查、场址初选和场址确定三步进行。

区域调查的任务是确定苦干可能建立处置场的地区，并对这些地区的稳定性、地震、地质构造、工程地质、水文地质、气象条件和社会经济因素进行初步评价。

场址初选是在区域调查的基础上进行现场勘察和勘测，通过对勘察资料的分析研究，确定 3~4 个候选场址。

场地确定是对候选场址进行详细的技术可行性研究和分析，以论证场址的适宜性，并向国家主管部门提出详细的选址报告，最终批准确定一个正式场地。

浅地层埋藏法是处置中、低放射性废物的较好方法，尤其在我国，考虑到处置技术的发展趋势和我国的经济承受能力，中、低放射性废物宜选用浅地层埋藏处置方法。

11.3　高放废物的深地质处置

11.3.1　高放废物地质处置的特点

1. 高放废物的产生及其特点

在核燃料循环的每一环节都有核废物产生，但是，对于高放废物而言，主要来自化工后处理厂和反应堆的乏燃料。其特点是放射性水平高，所含的某些放射性核素可产生显著的衰变热，而且多数是半衰期长、主要释放 e 射线的核素（大部分是锕系元素）。这种废物的储存、处理和处置方式必须充分适应这些特点。

后处理厂排出的高放废液，首先要进行蒸发、浓缩减容，以便冷却和储存。通常待放射性降低 1 个数量级后进行固化。固化的目的是使高放废液中所含的核素转变成稳定形态，封闭隔离在稳定的介质中，以便阻止核素泄漏和迁移，使之适宜于处置。目前已被采用的固化介质以浸出率很低的硼硅酸盐系的玻璃为主。同时，其他一些可能代用的固化介质如陶瓷、合成矿物、结晶化玻璃也正在研究中。刚刚固化的固化体，其衰变热量很大，放射性水平也高，如果立即放入处置设施则可能使包装容器和周围岩体性能受到破坏，因此，将固化体暂时放在暂存设施内冷却，比如暂存在水冷式或空气冷却的设施里冷却，冷却所需时间长短因最终处置库围岩性质以及玻璃固化体中放射性核素含量而异，短则 20 年，长则 50 年左右。

我国目前的高放废物以液态为主，先存在不锈钢大罐中，等待玻璃固化。国内现已引进高放废液玻璃固化的全套工程冷台架设施，待冷试验运行后即可进行固化厂房的设计和建设，热的玻璃固化体可望在今后的十余年内产生，暂存 30~50 年后即可按要求进行最终地质处置。

2. 地质处置的特点

地质处置因高放废物所具有的放射性强、毒性大、寿命长及释热量高等特点，要求长期（万年甚至百万年）与人类生命环境隔离，这就使高放废物地质处置工程成为难度极大的复杂的系统工程。与一般的深部岩石地下工程相比，高放废物地质处置库具有以下特点。

（1）国际上广泛关注。国际舆论、各国政府和广大公众高度关注高放废物的安全处置，关注高放废物地质处置研究开发工作的进展，并把它作为制约核能发展的关键因素之一。各有核国家也都在国家层面上重视和安排高放废物地质处置的研发工作。通过制定政策和法律、法规，成立专门组织机构，筹措专门经费，建立地下研究设施及开展相关的研究工作等，推进高放废物地质处置。

（2）安全评价期极长。目前，国际上一般认定的评价期为 1 万年，某些国家（如美国）则提出更长的评价期。可以看出，这是世界上迄今为止要求安全期最长的工程，缺乏可供借鉴的经验，工程的实验验证更是难上加难，是一项全新的探索性工程。由于在如此的时间长河中，天体、地质和人类生命环境等均可能有大的变化，这使评价增加了许多不确定性。

（3）技术工程难度大。建造高放废物地质处置库这样的地下工程，具有极大的技术和工程难度，面临一系列重大难题。诸如如何选择及评价符合条件的场址，如何选择隔离高放废物的工程屏障材料、如何设计和建造处置库，以及如何评价以万年计的时间尺度下处置系统的稳定性、安全性等，涉及的不仅有地质学、水文地质学、放射化学、岩石力学、工程科学、材料科学、矿物学、热力学、核物理、辐射防护、计算机科学等自然科学，还涉及法律、人文、伦理等社会科学。其中，如何取得公众的理解和认可也是一个突出的难题。

（4）研究开发和设计、建造的周期很长。从目前国际上的实践经验看，从处置场的预选到处置库建成，一般需要 50 年时间或更长。以美国为例，从 1957 年提出地质处置的设想并开始研究和开发设计，到 2002 年才确定了位于尤卡山的地质处置库场址，预计到 2017 年才能建成处置库，前后经历 60 年。芬兰预期 2020 年建成处置库，而研究工作始于 1976 年，前后历经 45 年。

（5）投资数额巨大。处置库研发与设计建造的投资数额因各国具体情况不同而异，但总的看，投资数额巨大。美国尤卡山处置场从选址到处置库的生命周期，总预算为575 亿美元。

（6）公众的可接受性将极大地影响处置库建设。广大公众对高放废物地质处置库的建设表示极大关注，处置库的可接受性在相当程度上影响甚至左右了处置库的建设周期，甚至是成败。为了推进处置库建设、加强与公众沟通，取得公众的理解，让其接受将是至关重要的。

11.3.2　高放废物地质处置库的概念设计

高放废物的处理和处置，是一个重大的安全和环保问题。对于高放废物处置，曾有

"太空处置""深海沟处置""冰盖处置""岩石熔融处置"等多种方案。经过多年的研究和实践，目前普遍接受的可行方案是深部地质处置，即把高放废物埋在距离地表深约500~1000 m的地质体中，使之永久与人类的生存环境隔离。

埋葬高放废物的地下工程即称为"高放废物处置库"。高放废物处置库采用的是"多重屏障系统"设计思路，即把废物（乏燃料或玻璃固化块）贮存在废物罐中，外面包裹缓冲材料，再向外为围岩（花岗岩、凝灰岩、岩盐等）。一般把废物体、废物罐和缓冲回填材料称为"工程屏障"，把周围的地质体称为"天然屏障"。

在这样的体系中，地质介质起着双重作用。既保护源项，也保护生物圈。具体地说，它保护着工程屏障不使人类闯入，免受风化作用；在相当长的地质时期内为工程提供屏障和保持稳定的物理和化学环境；对高放废物向生物圈迁移起滞留和稀释作用。各屏障之间具有相互加强的作用，其中天然屏障对于长期圈闭的作用至关重要。

1. 天然屏障及其功能

高放废物为什么必须处置在深地质介质中，原因在于目前所能建造的地表建筑物，其服役年限都远远小于长寿命放射性核素的半衰期。而在深部地质介质中建造的处置库能够保证放射性核素的长期圈闭，并且能够适宜于高放废物长期圈闭的地质介质在地壳中的分布十分广泛。

首先，深部地质介质之所以具备长期圈闭的功能，原因之一是这种介质本身就构成了阻止核素迁移的天然屏障，它既可以有效地限制核素的迁移，又可以避免人类的闯入。说到屏障，它不仅是良好的物理屏障，而且也是有效的化学屏障。因为核素在随地下水流动的过程中，将与介质发生各种作用，如吸附作用、沉淀作用等等，这种作用可以有效地降低核素的迁移速度。

其次，深部地质介质的演化十分缓慢，只要避开某些地区，如现代火山地区和强烈构造活动地区等，就能够保证放射性核素在限定期内有效圈闭。

此外，建造处置库所开凿的岩体体积只占整个岩体体积的很小部分，这就是说，处置库的建造不会严重影响围岩的整体圈闭功能。

处置库的岩石类型是关系到处置库能否长期安全运行及有效隔离核废物的重要条件，具有举足轻重的意义。多年来，世界各国对处置库的可能围岩进行了详细研究，通过对比，对花岗岩、黏土、岩盐的适宜性达成了共识。当然，一个国家最终选择什么样的岩石作为处置库围岩，还要根据本国的地质条件和国情而定，如美国选择内华达州的凝灰岩、德克萨斯州的岩盐和华盛顿州的玄武岩作为高放废物处置库的围岩，并进行了大量的研究。

我国地域辽阔，适宜于处置库建造的地质环境、岩石类型繁多，因此，在围岩选择中具有很大的回旋余地。通过多年研究和对比，现已确定以花岗岩作为我国高放废物处置库的围岩。

选择高放废物处置库围岩要考虑很多因素。概括地说，围岩的矿物组成和化学成分、物理特征能有效地滞留放射性核素；岩石在水力学方面具有低渗透特征，能有效地阻止核素的迁移；岩石的力学性质有利于处置库的施工建造及安全运行；等等。

2. 工程屏障及其功能

如上所述，处置库的地下设施、废物容器及回填材料统称为工程屏障，它与周围的地质介质一起阻止核素迁移。

废物容器是防止放射性核素从工程屏障中释放出去的第一道防线。目前，世界各国在废物容器的设计上大同小异，所选用材料多为耐热性、抗腐蚀性能良好的不锈钢材料。为了寻求更优质的材料，氧化锆等陶瓷材料和其他合金材料也都在研究中。容器的形状多为圆柱体，一般认为，容器保持完好的时间可持续千年以上。

回填材料作为高放废物处置库中的工程屏障填充在废物容器和围岩之间，也可以用它封闭处置库，充填岩石的裂隙，对地下处置系统的安全起着保护作用。回填材料应具备的性能是：对放射性核素具有强烈的吸附能力，可阻止和减缓放射性核素向外泄漏；具有良好的隔水功能，能延缓地下水接触废物容器的时间，降低核素向外泄漏的速度；同时应具有良好的导热性和机械性能，以便使高放废物衰变热量及时向周围地质体扩散，并对废物容器起支护作用，防止机械破坏和位移。

虽然玻璃固化体中的核素封闭于多重屏障系统内，但不管该系统的设计多么完美，也不能永远地阻止核素向生物圈迁移，因为再坚固的设施也不可能永远存在。一旦工程屏障损坏，核素就将随地下水一起向地质介质中迁移，通过地质介质，最终到达生物圈。核素从处置库向生物圈迁移的过程可以设想为：首先，处置库一般建在地下水贫乏且渗透性很低的岩体中，深度一般都在 500～1000 m 的地下深处，这个深度一般均属于饱水带，在处置库运行的初期，地下水将从周围压力较高的地区向处置洞室低压区运动，而地下水最先接触的将是回填材料。穿过回填层的水随后将与废物容器接触，一旦容器破损或腐蚀，地下水便直接与玻璃固化体接触，于是水与固化体间的相互作用便开始了。固化体中的核素或溶于地下水，或以微粒的形态转移到水中。与此同时，整个处置库便达到完全饱水的程度，于是，处置库洞室中的水压力与围岩体中的水压力达到平衡状态，从这一平衡点开始，地下水的运动将不再是由周围岩体流向处置库，而是开始受控于处置库地区的地下水流场。一般由补给区流向排泄区，于是转移到地下水中的核素便通过破损的容器沿水流方向返回到回填层中，在回填层中，某些核素被吸附或生成沉淀，但回填材料的吸附容量是有限的，很快核素将随地下水一起穿过回填层进入到地质介质中，在天然屏障中开始了向生物圈的迁移历程。可见，良好的工程屏障将大大延迟核素向地质介质、向生物圈迁移的时间，对保证处置库的安全运行是十分必要的。由此，可将工程屏障的功能概述如下：

(1) 使大部分裂变产物在衰变到较低水平的相当长的时期内（1000 年左右）能够得到有效包容；

(2) 防止地下水接近废物，减少核素的衰变热对周围岩石的影响，防止和减缓玻璃固化体、岩石和地下水的相互作用；

(3) 尽可能延缓和推迟有害核素随地下水向周围岩体迁移。

为了实现这些功能，目前，世界上许多国家都在对工程屏障的各个方面进行研究，许多国家也正在研究如何把它们作为整体系统，综合、有效地发挥其功能。

自 20 世纪 80 年代末，世界上有关国家的核废物管理中心相继提出了使用不同的填充料的方法。有的建议使用水泥，但大多数建议使用膨润土或膨润土和骨料的混合物。使用的骨料可以是粉碎的花岗岩，也可以是石英质砂土。添加骨料的主要目的是为了提高工程屏障的热传递特性和改善其力学强度指标，并减少工程造价。

11.3.3　高放废物地质处置库的选址及其标准

高放废物处置库选址是整个处置工程的重要环节，是深部处置库开发中最关键的部分。目前世界上许多国家的选址工作都已相继开展，其中美国起步较早，德国、瑞典、加拿大、比利时、英国、法国、日本等国家也在选址方面做了大量的工作。

选址工作的基本目标是选择一个适合于进行高放废物处置的场址，并证明该场址能够在预期的时间范围内确保放射性核素与周围环境之间的隔离，使放射性核素对人类环境影响保持在立法机关规定的可接受的水平以下。

一般说来，选址工作可分为 4 个阶段进行：①方案设计与规划阶段；②区域调查阶段；③场址性能评价阶段；④场址确认阶段。

从某一阶段向下一阶段的过渡没有明显的界线，因为选址活动有许多工作相互重叠。此外，在每个阶段的工作中，均应考虑下一步更深入的工作。一般说来，随着整个选址工作的不断深入，资料的数量和精度都会不断地增加和提高，从而不断接近选择合适场址的总体目标。

方案设计与规划阶段的目标是确定选址工作进程的整体规划，并利用现有资料，确定出可供区域调查的候选岩石类型和可能的场址区。该阶段工作的另一部分内容是明确对处置设施所在场址的前景有影响的各种因素，这些因素应该从长期安全性、技术可行性、社会、政治和环境等方面加以确定。

区域调查阶段的目标是在综合考虑前一阶段确定的选址因素基础上，圈定出可作为处置场址的地区。可以通过对有利地区的初步筛选来进一步圈定小区，该阶段一般包括两个步骤：

（1）区域分析（区域填图），以圈定潜在适宜场址所在的靶区；

（2）筛选潜在场址以供进一步评价。

场址特征评价阶段的目标是对某一个或若干个潜在场址进行研究和调查，从不同角度，特别是从安全角度证明这些场址能否被接受。该阶段应取得场址初步设计所需的信息。

场址特征评价阶段要求掌握具体的场址资料，以确定处置场中与处置设施具体位置有关的场址特征和参数变化范围。这就需要进行场址勘查和调查，以便获得场址的地质、水文地质及环境条件等资料，其他与场址特征评价有关的资料，如运输线路、人口统计及社会学的某些问题，也应一并收集。该阶段的最终成果是圈定一个或若干个优选场址，以供进一步研究。同时，应就工作的全过程提交报告并附上所有资料（包括初步安全评价在内的、场地分析工作在内的所有文件）。

场址确认阶段的任务是就优选的场址进行详细的场址调查，其目的是证实优选场址的可靠程度，提供详细设计、安全分析、环境影响评价及申请许可证所必需的具体场址补充资料。

　　此阶段还应按国家有关部门的规定进行环境评价。评价的内容可以十分广泛，其中包括拟建处置设施对公众健康、安全及环境的影响等等。也可以讨论如何避免或减少上述影响以及该处置设施产生的其他局部和区域性影响。

　　一旦确认处置场址是合适的，就应该向有关的立法机构提出建议，提交的建议书应包括根据调研、特性评价和场址确认工作所作安全评价的结果。立法机构将审查场址，确认研究结果，并做出场址适宜性方面的决策。如果所确认的场址能够满足所有必需的要求，则可进行处置库建造的批准文件（许可证等）的办理或下达。

　　总之，选址工作直接关系到未来处置库的安全性、实用性和经济性。这项工作涉及地质、地震、气象、水文、环境保护、自然地理、社会活动等多方面，是一项综合性很强的工作。随着选址工作的开展和深入，许多国家开始意识到这一工作必须有章可循，才能保证选址工作的顺利进行。因此，选址标准的制定工作也应运而生。但由于各国的具体条件不同，很难定出世界上通用的标准。于是许多国家便根据本国的条件制定出各自的标准。下面是国际原子能机构（LAEA）1994 年制定的选址导则，可供各国在选址工作中参考。

　　（1）地质条件。处置库的地质条件应有利于处置库的整体特征，其综合的几何、物理和化学特征应能在所需的时间范围内阻止放射性核素从处置库向环境中迁移。

　　（2）未来的自然变化。在未来的动力地质作用（气候变化、新构造活动、地震活动、火山作用等等）的影响下，围岩和整个处置系统的隔离能力应该达到可接受程度。

　　（3）水文地质条件。水文地质条件应有助于限制地下水在处置库中的流动，并能在所要求的时间内保证废物的安全隔离。

　　（4）地球化学。地质环境和水文地质环境的物理化学特征和地球化学特征应有助于限制放射性核素由处置设施向周围环境释放。

　　（5）人类活动影响。处置设施选址应考虑到场址所在地及其附近现有的和未来的人类活动。这类活动会影响处置库系统的隔离能力并导致不可接受的严重后果。这种活动的可能性应该减少到最低程度。

　　（6）建造与工程条件。场址的地表特征与地下特征应能够满足地表设施与地下工程最优化设计方案的实施要求，并使所有坑道开挖都能符合有关矿山建设条例的要求。

　　（7）废物运输。场址位置应保证在向场址运输废物的途中公众所受的辐照和环境影响限于可以接受的限度之内。

　　（8）环境保护。场址应选择在环境质量能得到充分保护，并在综合考虑技术、经济、社会和环境因素的条件下，不利影响能够减少到可以接受的程度的地点。

　　（9）土地利用。在选择适宜场址的过程中，应结合该地区未来发展和地区规划来考虑土地利用问题。

　　（10）社会影响。场址位置应选择在处置系统对社会产生的整体影响能够保持在可接受水平的地点。在某一地区和行政区域设置处置库，在任何可能的情况下应给地方上带来有益的影响，任何不利的影响应降低至最低水平。

11.3.4 高放废物地质处置库的地下实验室研究

核废物地质处置是一项极为复杂的工程，迄今为止世界上尚无建成的处置库。为在与深部处置库相似条件下研究处置放射性废物的可行性，在预定某种岩石深处建造的地下模拟处置研究设施，称为地下实验室。

地下研究实验室是开发最终处置库必不可少的关键设施，在开发过程中起到下列作用：①了解深部地质环境和地应力状况，获取深部岩石和水样品，为其他研究提供数据和试验样品；②开展 1∶1 工程尺度验证试验，在真实的深部地质环境中考验工程屏障的长期性能；③开发处置库施工、建造、回填和封闭技术，完善概念设计，优化工程设计方案，全面掌握处置技术，并估算建库的各种费用；④开发特定的场址评价技术及相应的仪器设备，并验证其可靠性；⑤开展现场核素迁移试验，了解地质介质中核素迁移规律；⑥通过现场试验，验证修改安全评价模型；⑦为处置库安全评价、环境影响评价提供必不可少的各种现场数据；⑧进行示范处置，为未来实施真正的处置作业提供经验；⑨培训技术和管理人员；⑩提高公众对高放废物处置安全性能的信心，解决高放废物处置的一些社会学难题。

早期的地下实验室一般利用废旧矿山坑道或民用隧道改建，仅开展方法学试验，不做"热"试验，且与处置库场址没有直接联系，这种地下实验室被称为"普通地下实验室"。比较著名的有瑞典的 Stripa 和 Aspo、德国的 Asse、加拿大的 URL、日本的东浓和釜石、瑞士的 Grimsel 和 MontTerri 等地下实验室。

经过多年试验，随着经验的积累、技术的成熟，又出现了另一种地下实验室——特定场址地下实验室。它是在选定的高放废物处置库预选场址上建造的地下设施，可以开展"热"试验，具有方法学研究和场址评价双重作用，从中所获的数据可直接用于处置库设计和安全评价。并且，这种地下实验室在条件成熟时可直接演变成处置库，比较著名的有美国内华达州尤卡山的 ESF 设施、芬兰正在 Olkiluoto 建造的 ONKALO 地下实验室、法国巴黎盆地东部的 Meuse/HauntMarn 地下研究设施等。

11.3.5 我国高放废物地质处置研究进展

据估计，我国的核军工设施已暂存了一定量的高放废液，急需进行玻璃固化和最终地质处置。根据 2007 年 10 月国务院批准的《国家核电发展专题规划（2005—2020 年）》中的核电规模，我国大陆到 2020 年投入运行的核电装机容量将达到 4000 万 kW，在建的装机容量将达到 1800 万 kW。以此为基础计算，到 2020 年我国将累积有约 10300 tHM（吨重金属）的乏燃料（其中压水堆乏燃料约 7000 tHM 和重水堆乏燃料约 3300 tHM）。《国家核电发展专题规划（2005—2020 年）》中于 2020 年建成的反应堆，加上届时在建的 18 个反应堆，最终共将产生 82630 tHM 乏燃料。关于 2020 年以后的乏燃料数量，每增加一座百万千瓦级的核电厂，每年将多产生约 22 tHM 乏燃料，每个堆全寿期共产生约 1320 tHM 乏燃料。如果我国核电规模达到 100 GW，则所有这些核电厂产生的乏燃料总量将达到 138070 tHM。对这些军工高放废物和核电厂产生的高放废物进行最终安全处置，是确保我国的环境安全和核工业可持续发展的必然要求。

我国高放废物地质处置研究工作起步于 20 世纪 80 年代中，30 多年来，在处置选址和场址评价、核素迁移、处置工程和安全评价等方面均取得了不同程度的进展。其中处置地质方面取得了明显的进展，处置工程和安全评价方面开展工作较少。核工业北京地质研究院等单位开展了高放废物处置库场址预选研究，在对华东、华南、西南、内蒙古和西北等 5 个预选区进行初步比较的基础上，重点研究了西北甘肃北山地区。1999—2006 年，核工业北京地质研究院开展了"甘肃北山深部地质环境研究和场址评价研究"，在地质调查和水文及工程地质条件、地震地质特征等研究基础上，施工了 4 口深钻孔，获得了深部岩样、水样和相关资料，初步掌握了场址特性评价方法。此外，还开展了与国际原子能机构的技术合作，开展了场址评价、性能评价和天然类比等研究。在工程地质方面，研究了内蒙古高庙子膨润土作为缓冲/回填材料的性能，以及低碳钢、钛及钛钼合金等材料在模拟条件下的腐蚀行为。在核素迁移方面，建立了模拟研究试验装置及分析方法；研究了镎、钚、镭在特定条件下的某些行为。在安全评价方面，初步进行了一些调研。总的说来，我国高放废物地质处置研究工作，在经费十分有限、条件很困难的情况下，做了不少工作，特别是在选址和场址特性评价方面取得了明显进展，但从总体上说还处于研究工作的前期阶段，距完成地质处置任务的阶段目标任务还相差甚远。

2003 年，我国颁布了《中华人民共和国放射性污染防治法》，其第四十三条中明确规定了"高水平放射性固体废物实行集中的深地质处置"，从国家层次明确了深地质处置的地位。2006 年国防科工委、科技部和国家环保总局联合发布了《高放废物地质处置研究开发规划指南》，提出处置库开发"三部曲"式的技术路线，即选址—地下实验室—处置库，明确了研究开发的总体设想，从而使我国高放废物地质处置进入了全面启动的新阶段。

第 12 章 温室效应及 CO₂ 地下储存

12.1 温室效应及其影响

12.1.1 温室效应的成因

温室效应是指透射阳光的密闭空间由于与外界缺乏热交换而形成的保温效应，就是太阳短波辐射可以透过大气射入地面，而地面增暖后放出的长波辐射却被大气中的二氧化碳等物质所吸收，从而产生大气变暖的效应。大气中的二氧化碳等气体就像一层厚厚的玻璃，使地球变成了一个大暖房。如果没有大气，地面平均温度将和月球上一样，大约为 $-18℃$，而实际地表平均温度为 $15℃$。大气中的二氧化碳等气体浓度增加，阻止地球热量的散失，使地球发生可感觉到的气温升高，这就是温室效应。人们把可以吸收红外线而产生温室效应的气体（如 CO_2、CH_4、N_2O、O_3 等）称为温室效应气体或温室气体。

大气中 CO_2 浓度增加的主要原因，是砍伐及燃烧森林、海洋污染与燃烧化石燃料。从 19 世纪中叶开始大量砍伐森林，开垦荒地，由于单位面积未开发森林比农业用地含碳量大 20~100 倍，因此砍伐森林向大气中排放大量碳。20 世纪 50 年代以来，随着煤炭、石油和天然气等燃料的消耗，人为产生的温室气体排放量不断增加，随着全球工业化进程的加快，排放量越来越大；土地利用状况的急剧变化以及人工合成化学氮肥的产量和用量日益增加，打破了原来温室气体成分源和汇的自然平衡，大气中温室气体浓度不断增加。例如，从 1959 年到 1998 年，CO_2 浓度增加了 16.1%；工业化以来大气中 N_2O 浓度增长了大约 15%，CH_4 浓度增加了 10%。大气中温室气体浓度逐渐增加，使得大气温室效应比工业化以前处于自然平衡态时更强，这就是温室效应增强。人为因素造成的温室效应"增强"被认为是全球变暖的主要原因。

12.1.2 温室效应的影响

温室效应使全球气候发生变化，表现为温度上升、海平面升高、极端气候现象加剧，并引发一系列的岩土工程问题，见表 12.1。

1. 温度上升

长期以来，人类不加节制、大规模地伐木燃煤、燃烧石油及石油产品，释放出大量的二氧化碳，工农业生产也排放出大量甲烷等派生气体，地球的生态平衡在无意识中遭到破坏，致使气温不断上升。据政府间气候变化专业委员会（IPCC）第四次科学评估报告，过去 100 年（1906—2005 年）全球地表平均温度升高 0.74℃，2005 年全球大气二氧化碳浓度 379 PPM，为 65 万年来的最高值。与 1980—1999 年相比，21 世纪末全球平均地表温度可能会升高 1.1~6.4℃。21 世纪高温、热浪以及强降水频率可能增加，台风强度可能加强。

表 12.1　温室效应引起的连锁反应

产生的自然影响	伴随的物理现象	引起的具体问题
地下水位上升	孔隙应力发展 有效应力降低 吸水 浮力增加	液化及震陷加剧 承载力降低 浸水下沉 自重应力减少
水头增大，波浪冲击	堤防标准降低，浸透破坏	
水深加大，潮汐变化，波浪冲击	变形，下沉，滑动	
大气循环变化	台风加大，风暴洪涝灾害增加，滑坡、崩塌、泥石流	
地表温度上升	冻土消融，承载力下降 风化加剧，残积灾害增加 土壤沙化	

2. 海平面上升

全球变暖正在发生，有两种过程会导致海平面升高。第一种是海水受热膨胀令海平面上升，第二种是冰川和格陵兰及南极洲上的冰块溶解使海洋水分增加。预计到 2030 年，海平面将上升 20 cm，到 2100 年，海平面将升高 65 cm。中科院地学部专家对我国三大三角洲和天津地区进行考察后所做的评估是，预期到 2050 年，全球变暖将使珠江三角洲海平面上升 40~60 cm，上海及天津地区上升的幅度会更高。

全球暖化使南北极的冰层迅速融化，海平面上升对岛屿国家和沿海低洼地区带来的灾害是显而易见的，突出的是：淹没土地，侵蚀海岸。全世界岛屿国家有 40 多个，大多分布在太平洋和加勒比海地区，地理面积总和约为 77 万平方公里，人口总和约为4300 万，很多岛国的国土仅在海平面上几米，有的甚至在海平面以下，靠海堤围护国土，海平面上升将使这些国家面临淹没的危险。

沿海区域是各国经济社会发展最迅速的地区，也是世界人口最集中的地区，约占全世界 60% 以上的人口生活在这里。各洲的海岸线约有 35 万公里，其中近万公里为城镇海岸线。研究结果表明，当海平面上升 1 米以上，一些世界级大城市，如纽约、伦敦、威尼斯、曼谷、悉尼、上海等将面临浸没的灾难；而一些人口集中的河口三角洲地区更是最大的受害者，特别是印度和孟加拉间的恒河三角洲、越南和柬埔寨间的湄公河三角洲，以及我国的长江三角洲、珠江三角洲和黄河三角洲等。据估算当海平面上升 1 米时，我国沿海将有 12 万平方公里土地被淹，7000 万人口需要内迁；在孟加拉国将失去现有土地的 12％，占人口总量的 1/10 将出走；占世界海岸线 15％的印度尼西亚，将有 40％的国土受灾；而工业比较集中的北美和欧洲一些沿海城市也难幸免。

3. 气候反常

近年来，世界各国出现了几百年来历史上最热的天气，厄尔尼诺现象也频繁发生，给各国造成了巨大经济损失。全球平均气温略有上升，就可能带来频繁的气候灾害，如过多的降雨、大范围的干旱和持续的高温，造成大规模的灾害损失。

12.1.3 温室效应应对措施

全世界共同关注，加强政府部门或国际组织的调控作用，是减缓温室效应的重要措施。为了控制温室气体排放和气候变化危害，1992 年联合国环发大会通过《气候变化框架公约》，提出到 90 年代末使发达国家温室气体的年排放量控制在 1990 年的水平。1997 年，在日本京都召开了缔约国第二次大会，通过了《京都议定书》，规定了 6 种受控温室气体，明确了各发达国家削减温室气体排放量的比例，并且允许发达国家之间采取联合履约的行动，发展中国家温室气体的排放尚不受限制。2009 年，在丹麦首都哥本哈根召开了缔约国第十五次大会，就发达国家实行强制减排和发展中国家采取自主减缓行动做出了安排，并就全球长期目标、资金和技术支持、透明度等焦点问题达成广泛共识。

从当前温室气体产生的原因和人类掌握的科学技术手段来看，控制气候变化及其影响的主要途径是制定适当的能源发展战略，逐步稳定和削减排放量，增加吸收量，并采取必要的适应气候变化的措施。

(1) 采用替代能源，减少使用化石燃料。提高能效可显著减少 CO_2 的排放，现在人类使用的化石燃料约占能源使用总量的 90％，是温室气体排放的重要来源。世界能源消费结构是：石油约占能源的 40％，煤占 30％，天然气占 20％，核能占 6.5％。寻找替代能源，开发利用生物能、太阳能、水能、风能、核能等可显著减少温室气体排放量。目前，全人类所需要的石化能源仅占地球每年从太阳获得能量的 1/20000；世界已开发的水电仅占可开发量的 5％，具有很大潜力。因此，可以期望远期的能源战略将转向可再生能源，可再生能源满足可持续性条件，且有着很丰富的资源，成本低，随着科学技术的不断发展，使用会越来越多。

(2) 控制人口增长，实行可持续发展战略。千百年来，人类对生物界和地球资源的近乎掠夺性的占有，加之人口的急剧增长导致了环境的恶化。气候危机实质上是一种人口危机，人需要汽车，汽车要使用汽油；人需要电力，发电则要燃煤；人要消耗天然气，使用这些都会释放 CO_2，增加大气中温室气体的含量。

(3) 防止森林破坏和沙漠化，减少大气中温室气体，从而减慢和最终扭转地球变暖。减缓地球变暖的最直接有效的措施就是植树造林，森林是吸取 CO_2 的大气净化器，它把氧气放回到大气，而把碳固定在植物纤维质里。森林是抑制气候危机、推迟或扭转温室效应最有效的吸收源，但这一吸收源又正在被人们破坏。自从人类社会出现农业以来，森林砍伐一直在进行。到了工业时代，速度则明显加快，公元 900 年，地球上大约 40% 的陆地面积是森林；到 1900 年，大约 30% 是森林。而今天，刚刚过去不到 100 年，剩下的只有 20% 左右，而且还正以比历史上任何时期都快的速度继续被破坏着。人类已经深切地感受到了森林植被破坏所引发的气候以及其他生态环境变化带来的深刻影响。20 世纪末，发生在世界各地的气候异常、洪涝、干旱、沙尘暴已经给人类敲响了警钟，我们应该减少砍伐，并且要大规模造林。

（4）发展二氧化碳捕获和地质封存技术（Carbon Capture and Storage，即 CCS），减少 CO_2 的排放量。国际能源署（IEA）预测，2005 年到 2030 年，煤、石油、天然气等化石燃料仍将是一次能源的主要来源，并在能源需求增长总量中占到 84%，即便在一个较低的增速下，预计到 2035 年全球 CO_2 排放量也将达到 354 亿吨，化石燃料消耗产生的 CO_2 将持续增长。CO_2 地质埋存就是把从集中排放源（发电厂、钢铁厂等）分离得到的 CO_2 注入地下深处具有适当封闭条件的地层中埋存起来，即把 CO_2 归还原位——地球深部，从而实现 CO_2 的减排。

12.2 CO_2 地下储存技术

排放到大气层中的 CO_2 大约有 1/3 以上来自发电厂或类似的点源。CO_2 地下储存主要是把来自点源的 CO_2 收集、分离和压缩，通过管道，在动力的作用下，送入地下或海底，使之溶解在深部卤水层，或吸附在黏土或碳的表面，或形成固体沉积物和消化在海洋浮游生物体中。

CO_2 地下储存是一项系统工程，其主要包括碳捕集、碳运输和碳储存三个组成环节和一个辅助环节——碳储监测四大部分。

12.2.1 碳捕集

碳捕集环节是 CO_2 地下储存技术的起始环节，其目的是从火力发电厂、石化产业、水泥产业或其他类似点源的废气中分离提纯 CO_2，并进行适当的处理，提供给后继环节使用。这一环节是 CO_2 地下储存技术研究的首期工作，其成本约占整个地下储存总成本的 3/4。以发电厂为例，按照 CO_2 捕集时间的不同，可分为燃烧后捕集和预燃烧捕集两类。

燃烧后捕集，是指将发电厂燃烧产生的废气送入捕集设备，分离提纯其中的 CO_2 气体以供使用。提纯的方案主要有胺洗法、膜法、物理吸附法等。由于一般情况下燃烧后废气中 CO_2 的含量较低（7%~14%），提纯过程可能需要多次反复进行。而庞大的气体处理量也无形中增加了捕集成本。这一方案也可以用于处理其他使用化石能源燃烧提供热能的行业产生的废气。

预燃烧捕集，是指首先将燃料进行脱碳处理，捕集生成的 CO_2 气体，并将其余燃料气体（主要是氢气等）送入燃烧室。这一方案中捕集设备内的 CO_2 气体浓度较高，分离提纯相对比较容易，使用简单的减压分馏技术就能够满足要求。而且燃料实现了脱碳，燃烧气体主要是无污染的氢气，代表了未来燃料发展的方向。

碳捕集技术的研究重点目前主要集中在有效地降低发电成本和提高发电效率上。按照捕集方案和对象的不同，目前捕集发电站中 CO_2 的成本达 30~50 美元/吨，发电效率降低 30%~50%。未来随着相关技术的不断发展和投入大规模应用，捕集成本有望取得大幅度的降低，从而大大加大 CO_2 地下储存技术的商业价值。

12.2.2 碳运输

碳运输是指通过管道或其他运输方式，将捕集的 CO_2 送至相应的储存地。这一环节是目前研究最为成熟的环节。只需将现有的油气管道进行适当的改造，就可以有效地满足碳运输的需要。天然气运输的成功经验也能很好地为碳运输提供借鉴。需要注意的是，由于 CO_2 在遇水的情况下会生成碳酸，从而对管道产生腐蚀作用，因此运输气体的脱水将是十分必要的。此外，加压后的 CO_2 的密度大于空气，而吸入高浓度的 CO_2 会导致生物的窒息，因此运输中的安全问题也需要十分重视。

目前，美国每年通过管道运输的 CO_2 已超过三千万吨。管道运输 CO_2 的成本大约在 1~3 美元/吨。随着大规模的管道系统建设，这一环节的成本也有望实现一定程度的降低。

12.2.3 碳储存

碳储存是指将 CO_2 通过适当的方法储存在地质构造中，并使之在相当长的时间内与大气隔绝，从而起到控制大气中 CO_2 浓度的目的。目前，较为理想的碳储存地主要有 4 类。

1. 开采过或者开采到后期的气田或油田

油田和气田是天然的流体储库。其中的地质流体已经在地质历史上安全保存了千百万年，因此我们有充分的理由相信注入的 CO_2 能够在足够长的时间内保持隔离状态，不会被释放到大气中去。在一定的条件下，把 CO_2 注入开采过或者开采到后期的气田或油田可以把残留的油气推出来，提高开采量。这一工艺称为 CO_2-EOR（CO_2 Enhance Oil Recovery）。迄今，美国已有此类项目 74 个，每年有三千多万吨 CO_2 通过此途径打入油气田，一方面储藏了 CO_2，另一方面提高了油气开采量，从而大大降低了碳储集的成本。实践经验表明，注入 CO_2 大约可以增加油田产量 10%~15%。我国的辽河油田注入性质类似的烟道气，也取得了良好的效果。

CO_2-EOR 方案目前研究程度较高，具有代表性的是位于加拿大的 Weyburn 油田，这也是第一个以储存 CO_2 为主要目的的 EOR 工程，其气源来自 325 km 外的达科他气化公司的废气，自 2000 年起，该公司每天向油田注入约 5000t 的 CO_2 气体。目前，这一项目还在顺利进行中。

2．不可开采的贫瘠煤层

贫瘠煤层也是 CO_2 的良好储地。煤层的多孔特性可以有效地吸附 CO_2 气体。在适当的条件下，注入 CO_2 还可以将原来吸附于煤层之中的甲烷气体推出，通过甲烷经济价值的实现而有效地降低注入 CO_2 的成本。

3．深部卤水层

深部卤水层也具有储存 CO_2 的能力。CO_2 可以部分溶解在这些由于高盐而不适合人类使用的卤水中，并与卤水中相关的金属离子反应形成固体沉淀最终保存下来。目前每年已有约一百万吨的 CO_2 被储存在北海挪威海域的深部卤水层中。深部卤水层分布很广，遍布世界各地，具有极大的储藏潜力。

4．海洋

将 CO_2 注入海洋，在适当的深度下，可以形成固体 CO_2 水合物，从而保存起来。

12.2.4　碳储监测

对埋存工程进行监控是 CO_2 地质埋存过程中必不可少的步骤。监控的目的很多，主要包括：

（1）监测注入井的工作状态是否正常，测量注入率、注入 CO_2 压力和地层压力等。石油工业的经验表明，由于不合要求的完井或者套管、封口、水泥老化造成的泄漏是注入工程最严重的潜在事故模式之一。

（2）核实注入的 CO_2 中通过各种机理埋存的数量。

（3）使注入工程的效率实现最优化，包括充分利用埋存容量、注入压力和钻新的注入井。

（4）探测泄漏现象，及早发出警报等。

石油和天然气工业中发展起来的很多监测技术同样可以应用在 CO_2 地质埋存工程中。注入率和注入压力的测定在石油开采中是很普遍的，有很多现成的仪器可以使用。对地表以下 CO_2 迁移运动以及 CO_2 泄漏的监控包括很多地球物理和地球化学方法，如地下压力、测井曲线、垂直地震剖面图和跨孔地震成像、电和电磁波探查、地表变形、土壤气体取样分析等监测方法。

12.3　CO_2 固化（CCU）技术

12.3.1　CCS 存在的问题和潜在风险

各国政府均重视二氧化碳的减排，甚至将其作为各国政府的承诺和任务，因此都积极立项投入，研究 CCS 技术和建设示范项目。CCS 技术的整个过程中，没有产生新的有价值的产品，是一个纯投入的无经济效益的环保技术，并且在技术实施过程中，也需要消耗能量，会导致新的 CO_2 排放。

此外，CO_2 地质封存存在诸多的不确定性和潜在的风险。CO_2 地质封存的目标地层深度一般超过 1000 m。CO_2 注入以后，与地层中原有的岩石和地下水发生化学反应，并持续地增加地层的孔隙压力，这将破坏地层原始的应力、温度、渗透压力等物理化学平衡，其带来的长期地质影响难以估量，如图 12.1 所示。

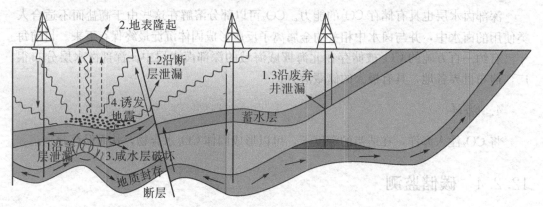

图 12.1　CCS 的潜在风险示意图

由图 12.1 可知，这些不确定性的地质影响导致的风险包括：

（1）CO_2 会沿断层或储层上方的盖层裂隙渗透而泄露。

（2）长期注入 CO_2，可能会导致地表拱起。Salah 的 CO_2 封存工程现场监测数据表明，每年地表的拱起达到了 5 mm。

（3）CO_2 注入岩层中后，溶于地下水，会改变地下水的化学性质，并且形成碳酸，可能会导致岩层中的金属硫酸矿物或氯化物等成分运移，使得岩层中矿物成分和结构变化，从而人为影响地质结构的长期稳定。

（4）在较高的孔隙压力情况下，岩体内储存了大量弹性势能，如果受到微地震或其他因素导致内部弹性势能突然释放，容易诱发较大地震。一般 CCS 项目对灾害等的抵御能力低下，存在较大安全隐患。例如，美国科罗拉多州的 Rangely 油田的现场测试表明，将液体注入多孔介质中能够诱发微地震活动。

12.3.2　CCU 技术的新理念

由于 CCS 没有经济效益和存在上述的风险，有学者提出可能真正解决 CO_2 末端减排的 CO_2 捕获和利用技术（Carbon Dioxide Capture and Utilization，即 CCU 技术）。事实上 CO_2 利用已是全世界讨论的热点问题。工业上，利用 CO_2 的一种途径是将 CO_2 转化为有机物及高分子聚合物等化工产品，而另一种途径是将 CO_2 与水分解，转化为甲醇、石油等再生能源。由于这两种 CO_2 利用途径的原料成本高、能耗高、碳循环周期短、工业规模小，因此，CO_2 利用被普遍认为消耗 CO_2 量少，对 CO_2 的减排作用不明显，不适合作为缓解温室效应的核心技术。

CO_2 矿化是近年来提出的 CO_2 减排方法，主要利用地球上广泛存在的橄榄石、蛇纹石等碱土金属氧化物与 CO_2 反应，将其转化为稳定的碳酸盐类化合物，从而实现 CO_2 减排。基于 CO_2 矿化利用的 CCU 路线的最大优点在于其潜在的 CO_2 矿化量大。地壳中的天然 Ca、Mg 元素分别约占地壳质量的 3.45% 和 2%；在人类可利用的范围内（约地下 5 km），利用地壳中 1% 的钙、镁离子进行 CO_2 矿化利用，理论上以 50% 的转化率计算，可矿化约 2.56×10^7 亿吨 CO_2。根据国际能源署报告，全球 2010 年的 CO_2 排放量约为 300.6 亿吨，这部分 Ca、Mg 离子理论上可满足人类约 8.5 万年的 CO_2 减排需求。除了钙、镁离子，钾离子也是地壳中分布广泛的一种元素，主要存在于钾长石、钾霞石等矿物中。在人类可利用的范围内，长石中钾长石总量约为 95.6 万亿吨。利用这部分钾长石矿化 CO_2 以理论上 50% 的转化率计算，将处理超过 3.82 万亿吨的 CO_2。也就是说，理论上，利用地球天然钾长石可矿化全球约 127 年排放的 CO_2。

另外，工业废料同样具有较好的矿化潜力，以中国的磷石膏（$CaSO_4 \cdot 2H_2O$）为例，目前中国磷石膏每年产出约 5000 万吨，利用其中的钙离子进行 CO_2 矿化，每年可消耗 CO_2 约 1250 万吨，而中国目前堆积的磷石膏总量约 5 亿吨，如果将其利用，可消耗 CO_2 约 1.25 亿吨。另外，氯化钙等工业固废也可作为 CO_2 矿化利用的原料。

因此，利用天然矿物或工业废料可提供充足的 CO_2 矿化原料来源，足以满足人类对 CO_2 的减排利用需求。在矿化 CO_2 的同时，可生产化工产品或建筑材料，充分发挥原料自身价值。目前的研究主要集中在以下方面。

1. 氯化镁矿化 CO_2 联产盐酸和碳酸镁

氯化镁是海水、盐湖中镁的主要形式，海水中镁离子含量约 1500 万亿吨。中国氯化镁资源尤其丰富，四大盐湖区镁盐储量达数十亿吨，中国海域中的镁离子含量达到 0.13%，氯化镁来源非常丰富。氯化镁溶液呈酸性，不能直接与 CO_2 反应，其矿化过程分为两步：①对六水合氯化镁进行加热，生成氢氧化镁和氯化氢气体；②碱性的氢氧化镁与 CO_2 反应生成较为稳定的粉体碳酸镁，氯化氢气体溶于水后可制成盐酸。

产物碳酸镁可作为耐火材料、锅炉和管道的保温材料，以及食品、药品、化妆品等的添加剂；盐酸是重要的化工原料。利用氯化镁作为原料矿化 CO_2 联产盐酸和碳酸镁可以将原料充分利用，是较好的 CO_2 矿化利用的 CCU 途径，具有较好的应用前景。

2. 固废磷石膏矿化 CO_2 联产硫基复合肥

磷石膏是磷化工过程中提取磷酸后的工业固废，主要成分为二水合硫酸钙（$CaSO_4 \cdot 2H_2O$）。中国每年产出约 5000 万吨磷石膏固废，而已经堆积的磷石膏固废超过 3 亿吨。目前并没有处理磷石膏的有效方法，如何处理大量无法利用的磷石膏固废，是磷酸行业亟待解决的关键问题。谢和平提出采用固废磷石膏矿化 CO_2，并提出了尾气 CO_2 矿化转化磷石膏的"一步法"，形成了 CO_2 矿化转化磷石膏固废的系列技术。其研究结果表明，该工艺的 CO_2 转化率高于 70%，二水合硫酸钙的转化率超过 90%。即每 10 吨磷石膏矿化二氧化碳 2.5 吨，产硫酸铵 7.6 吨，产轻质碳酸钙 5.8 吨。产物硫酸铵是重要的肥料，碳酸钙可用作水泥原料，也可作为涂料、油漆的添加剂。该工艺中产品附加值高，原料利用率高，具有较好的利润空间和工业可行性。

3. 其他可能的 CO_2 矿化利用方法

自然界中的很多矿物都可以转化为高附加值的化工产品。钾长石中含有丰富的钾元素，且储量大。利用钾长石矿化 CO_2，不仅可以实现 CO_2 减排，同时能够提取出稀缺的钾元素。但如何打破钾长石过于稳定的晶体结构，在利用钾长石矿化 CO_2 的同时提取钾元素，还需掌握一些关键技术。

除了钾长石，含有钛元素的钙钛矿也是潜在的 CO_2 矿化利用原料，理论上可将钙钛矿中的钙离子用于矿化转化 CO_2，同时获得高附加值的二氧化钛。目前，利用钾长石或钙钛矿矿化 CO_2 的技术正在进一步探索，随着 CO_2 矿化技术和矿物活化技术的发展，以及新的矿化路径的提出，基于 CO_2 矿化利用的 CCU 技术完全可能成为减排 CO_2 的有效方法，从而真正实现 CCU 技术的大规模工业应用。

尽管世界各国均重视 CO_2 的减排，但由于 CCS 的经济问题及其潜在风险而很难被长期重视和发展，特别是在发展中国家。有学者认为，CCS 难以真正大量开展并有效解决中国的 CO_2 减排问题；CCU 应该是我国乃至全球 CO_2 减排近期开展的方向和研究的重点。传统的 CO_2 利用技术原料成本高，能耗高，碳循环周期短，工业规模小，而利用地壳中存在的天然矿物和工业固废作为原料，在矿化 CO_2 的同时生产化工产品或建筑材料，具有较好的利润空间，并且潜在的 CO_2 矿化量大，这将是我国今后具有广阔工业应用前景的 CCU 新技术。

参 考 文 献

[1] 常士骠, 张苏民. 工程地质手册 [M]. 第 4 版. 北京: 中国建筑工业出版社, 2007.

[2] 陈洪凯, 唐红梅. 三峡水库区危岩防治技术 [J]. 中国地质灾害与防治学报, 2006, 16 (2): 105-110.

[3] 崔冠英, 潘品燊. 水利工程地质 [M]. 北京: 水利电力出版社, 1985.

[4] 丁原章, 等. 水库诱发地震 [M]. 北京: 地震出版社, 1989.

[5] 段永侯. 我国地面沉降研究现状与 21 世纪可持续发展 [J]. 中国地质灾害与防治学报, 1998, 9 (2): 1-5.

[6] 段振豪, 孙枢, 张驰. 减少温室气体向大气层的排放——CO_2 地下储藏研究 [J]. 地质论评, 2004, 50 (5): 514-519.

[7] 范彩玲, 高向阳, 朱保安. 温室效应及其防治对策 [J]. 安徽农业科学, 2006, 34 (20): 5351-5352.

[8] 方晓阳. 21 世纪环境岩土工程展望 [J]. 岩土工程学报, 2000, 22 (1): 1-11.

[9] 龚晓南. 21 世纪岩土工程发展展望 [J]. 岩土工程学报, 2000, 22 (2): 238-242.

[10] 国家环境保护局. 放射性废物的分类 (GB 9133—1995) [S]. 北京: 中国建筑工业出版社, 1995.

[11] 胡厚田. 崩塌与落石 [M]. 北京: 中国铁道出版社, 1989.

[12] 纪万斌. 工程塌陷与治理 [M]. 北京: 地震出版社, 1998.

[13] 蒋爵光. 铁路工程地质学 [M]. 北京: 中国铁道出版社, 1991.

[14] 康志成, 李焯芬, 马蔼乃, 等. 中国泥石流研究 [M]. 北京: 科学出版社, 2004.

[15] 李小春, 方志明. 中国 CO_2 地质埋存关联技术的现状 [J]. 岩土力学, 2007, 28 (10): 2229-2239.

[16] 李小春, 小出仁, 大隅多加志. 二氧化碳地中隔离技术及其岩石力学问题 [J]. 岩石力学与工程学报, 2003, 22 (6): 989-994.

[17] 李颖, 郭爱军. 城市生活垃圾卫生填埋场设计指南 [M]. 北京: 中国环境科学出版社, 2005.

[18] 刘毓氚, 李琳, 贺怀建. 城市固体废弃物填埋场的岩土工程问题 [J]. 岩土力学, 2002, 23 (5): 618-621.

[19] 刘宗仁, 刘雪雁. 基坑工程 [M]. 哈尔滨: 哈尔滨工业大学出版社, 2008.

[20] 罗国煜，陈新民，李晓昭，等. 城市环境岩土工程 [M]. 南京：南京大学出版社，2000.

[21] 罗上庚. 放射性废物处理与处置 [M]. 北京：中国环境科学出版社，2007.

[22] 罗嗣海，钱七虎，王驹. 高放废物地质处置库的特点及其结构形式 [J]. 地质科技情报，2007，26 (5)：83—90.

[23] 罗嗣海，钱七虎，周文斌，等. 高放废物深地质处置及其研究概况 [J]. 岩石力学与工程学报，2004，23 (5)：831—838.

[24] 马永潮. 滑坡整治及防治工程养护 [M]. 北京：中国铁道工业出版社，1996.

[25] 孟海燕，王琳. 关于我国垃圾土工程性质的探讨 [J]. 有色金属设计，2005，32 (3)：58—68.

[26] 缪林昌，刘松玉. 环境岩土工程学概论 [M]. 北京：中国建材工业出版社，2005.

[27] 潘家铮. 建筑物的抗滑稳定与滑坡分析 [M]. 北京：水利出版社，1980.

[28] 潘懋，李铁锋. 灾害地质学 [M]. 北京：北京大学出版社，2002.

[29] 潘自强，钱七虎. 高放废物地质处置战略研究 [M]. 北京：原子能出版社，2009.

[30] 潘自强，钱七虎. 我国高放废物地质处置战略 [J]. 中国核电，2013，6 (2)：98—100.

[31] 钱学德，郭志平，施建勇，卢廷浩. 现代卫生填埋的设计与施工 [M]. 北京：中国建筑工业出版社，2001.

[32] 史佩栋，等. 深基础工程特殊技术问题 [M]. 北京：人民交通出版社，2004.

[33] 孙广忠. 地质工程理论与实践 [M]. 北京：地震出版社，1996.

[34] 孙枢. CO_2 地下封存的地质学问题及其对减缓气候变化的影响 [J]. 中国基础科学，2006 (3)：17—22.

[35] 王继康，黄荣鉴，丁秀燕. 泥石流防治工程技术 [M]. 北京：中国铁道出版社，1996.

[36] 王驹，范显华，徐国庆，等. 中国高放废物地质处置十年进展 [M]. 北京：原子能出版社，2004.

[37] 王驹. 高放废物地质处置：进展与挑战 [J]. 中国工程科学，2008，10 (3)：58—65.

[38] 王明伟，陈冶，孙永年. 地质灾害调查与评价 [M]. 北京：地质出版社，2008.

[39] 王志明，李书绅. 低放废物浅地层处置安全评价指南 [M]. 北京：原子能出版社，1994.

[40] 吴积善，田连权，康志成，等. 泥石流及其综合治理 [M]. 北京：科学出版社，1993.

[41] 夏其发，李敏，常庭改，等. 水库地震评价与预测 [M]. 北京：中国水利水电出版社，2012.

[42] 谢和平，刘虹，吴刚. 中国未来二氧化碳减排技术应向 CCU 方向发展 [J]. 中国能源，2012，34 (10)：15—18.

[43] 谢和平，谢凌志，王昱飞. 全球二氧化碳减排不应是 CCS，应是 CCU [J]. 四川大学学报：工程科学版，2012，44 (4)：1—5.

[44] 谢礼立，张晓志，周雍年. 论工程抗震设防标准 [J]. 地震工程与工程振动，1996，16 (1)：1—18.

[45] 谢凌志，周宏伟，谢和平. 盐岩 CO_2 处置相关研究进展 [J]. 岩土力学，2009，30 (11)：3324—3330.

[46] 许冲，徐锡伟，吴熙彦，等. 2008 年汶川地震滑坡详细编目及其空间分布规律分析 [J]. 工程地质学报，2001，21 (1)：25—44.

[47] 于广云，等. 环境岩土工程 [M]. 徐州：中国矿业大学出版社，2007.

[48] 袁一凡，田启文. 工程地震学 [M]. 北京：地震出版社，2012.

[49] 张华祝. 中国高放废物地质处置：现状和展望 [J]. 铀矿地质，2004，20 (4)：193—195.

[50] 张在明. 对于发展环境岩土工程的初步探讨 [J]. 土木工程学报，2001，34 (2)：1—6.

[51] 张峥，张涛，郭海涛，等. 温室效应及其生态影响综述 [J]. 环境保护科学，2000，26 (6)：36—38.

[52] 赵玉萍. 浅析温室效应与气候变化 [J]. 哈尔滨师范大学自然科学学报，1999，15 (1)：96—99.

[53] 郑楚光. 温室效应及其控制对策 [M]. 北京：中国电力出版社，2001.

[54] 郑颖人，陈祖煜，王恭先，等. 边坡与滑坡工程治理 [M]. 第 2 版. 北京：人民交通出版社，2010.

[55] 中国科学院水利部成都山地灾害与环境研究所. 中国泥石流 [M]. 北京：商务印书馆，2000.

[56] 中华人民共和国住房与城乡建设部. 建筑抗震设计规范（GB 50011—2010）[S]. 北京：中国建筑工业出版社，2010.

[57] 中华人民共和国住房与城乡建设部. 膨胀土地区建筑规范（GB 50112—2013）[S]. 北京：中国建筑工业出版社，2012.

[58] 中华人民共和国住房与城乡建设部. 湿陷性黄土地区建筑规范（GB 50025—2004）[S]. 北京：中国建筑工业出版社，2004.

[59] 周德培，张俊云. 植被护坡工程技术 [M]. 北京：人民交通出版社，2003.

[60] 周健，刘文白，贾敏才. 环境岩土工程 [M]. 北京：人民交通出版社，2002.

[61] 朱海丽，毛小青，倪三川，等. 植被护坡研究进展与展望 [J]. 中国水土保持，2007，4：26—29.